과학과 종교의 경계를 묻고
인공지능이 답하다

과학과 종교의 경계를 묻고 인공지능이 답하다

발행일 2024년 4월 26일

지은이 최완섭, 이영미
펴낸이 손형국
펴낸곳 (주)북랩
편집인 선일영 편집 김은수, 배진용, 김부경, 김다빈
디자인 이현수, 김민하, 임진형, 안유경 제작 박기성, 구성우, 이창영, 배상진
마케팅 김회란, 박진관
출판등록 2004. 12. 1(제2012-000051호)
주소 서울특별시 금천구 가산디지털 1로 168, 우림라이온스밸리 B동 B113~115호, C동 B101호
홈페이지 www.book.co.kr
전화번호 (02)2026-5777 팩스 (02)3159-9637

ISBN 979-11-7224-085-1 03400 (종이책) 979-11-7224-086-8 05400 (전자책)

인공지능이 말하는 종교와 신의 진실

과학과 종교의 경계를 묻고

인공지능이 답하다

최완섭·이영미 공저

머리말

미지에 대한 두려움과 이해의 추구는 선사 시대부터 인간의 근본적인 욕구였습니다. 과학은 과학적 탐구 방법을 통해 이를 풀어내려 했고, 종교는 영적 탐구를 통해 이에 대한 설명을 제공했습니다. 이처럼 미지에 대한 과학과 종교의 논의는 오래된 것이었지만 각자의 학문의 경계를 넘어서는 일이 없는 것으로 보였습니다.

과학적 탐구를 통해 미지에 대한 이해가 깊어질수록 이들은 서로 복잡한 상호 작용으로 얽혀 있는 것을 알게 되었습니다. 그리고 우주에 대한 이해의 폭이 넓어짐에 따라, 종교에 나오는 일부 신화적 이야기와 과학적 탐구의 이분법은 종종 서로 타협할 수 없는 것으로 그려지고 있습니다. 따라서 겉보기에는 이질적으로 보이던 둘 사이에 미묘한 관계가 증가하였습니다.

현대에는 과학과 종교의 경계가 점점 더 다공성으로 변하고 있습니다. 종교인 테레사 수녀는 신의 존재에 대한 회의감과 자신의 믿음에 대해 깊이 고뇌하였습니다. 이러한 고뇌가 테레사 수녀의 용기인지, 종교적 신념의 부족인지에 대해 고민을 했습니다. 이런 고민은 과학과 종교의 양립 가능성에 대한 의문으로 이어졌습니다.

이 책은 과학자의 관점에서 종교에 관해 묻는 120개의 질문에 대해 인공지능이 제공한 객관적 정보에 근거하여 문답 형식으로 구성하였습니다. 이 과정에서 엄격한 검증과 숙고를 통해 과학적 관점이나 종교적 관점 중 어느 하나의 가치를 약화하지 않으려고 노력하였습니다. 따라서 과학을 추구하는 사람이든 종교를 믿는 사람이든, 이러한 질문에 대해 호기심을 갖고 열린 마음으로 과학과 종교 사이의 인식된 간극을 메우는 대화를 촉발할 수 있기를 바랍니다.

2024년 봄

공저자 **최완섭 · 이영미**

차례

III ⌑ 과학과 공존할 수 있는가?

IV ⌑ 뇌의 진화 결과인가?

V ⌑ 사회적 변화와 상호 작용하는가?

I

신성한 이야기로서의 신화인가?

1. 종교적 신비와 기적

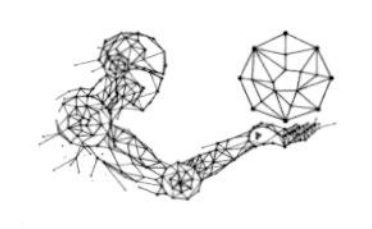

종교가 인간이 이해할 수 없는 초자연적 힘을 가진 존재나 초자연적 믿음을 포함하는 이유는 무엇인가요?

인간은 우주의 기원, 생명의 목적이나 사후세계와 같은 존재의 신비에 대해 항상 궁금해했습니다. 인간은 이처럼 그들의 이해 범위를 벗어난, 알 수 없는 것에 관한 질문들의 설명과 답을 얻고자 하였습니다. 이 과정에서 설명과 답을 할 수 없는 것들을 초자연적 현상으로 돌리게 되면서 초자연적 힘을 가진 존재에 대한 믿음이 나타나게 되었습니다.

초자연적 힘을 가진 존재에 대한 믿음은 기도의 응답이나 기적을 통해 인간의 일에 개입할 수 있다는 생각으로 이어지면서 종교의식이 나타나게 되었습니다. 또한 종교의식을 통해 인간과 초자연적 힘을 가진 존재 사이의 연결을 강화할 수 있다고 생각하게 되었습니다. 이처럼 초자연적 힘을 가진 존재에 대한 믿음은 초자연적 믿음으로 진화하였습니다. 이는 인간의 이해를 넘어서는 초자연적 힘이나 초자연적 믿음을 포함한 많은 종교가 생겨나는 계기가 되었습니다.

예를 들어 많은 종교는 개인의 영혼이 계속 존재하는 사후세계나 죽음 너머 영역의 존재와 같은 초자연적 믿음을 제안하였습니다. 이와 같은 종교적 믿음은 인간이 죽음의 필연성을 받아들이는 데 도움이 되었고, 이 삶 너머 영원히 존재할 수 있다는 희망을 제공하였습니다. 이처럼 인간의 경험 뒤에 더 큰 계획이나 목적이 있다는 확신을 제공하면서 초자연적 믿음은 힘들고 어려운 시기에 위안을 제공하게 되었습니다.

하지만 종교적 전통의 다양성은 초자연적인 힘을 가진 존재나 초자연적 믿음의 복잡성을 반영합니다. 따라서 초자연적인 힘을 가진 존재나 초자연적 믿음은 종교적 전통마다 크게 다를 수 있습니다. 그리고 영혼에 의해 발생한다고 믿었던 현상들이 과학이 발전하면서 과학적으로 설명되고 영혼의 존재를 밝혀내지 못하면서, 사후세계는 없다는 주장이 나오고 있다는 점에 주목해야 합니다.

종교를 믿는 가장 강력한 이유는 기적 때문이라고 합니다. 초자연적 힘에 의해 일어난, 창조와 같은 기적에 대해 어떻게 생각하나요?

인공지능 언어 모델로서 저는 개인적인 생각이나 믿음이 없습니다.

그러나 종교적, 철학적 맥락에서 이해되는 기적인 창조라는 주제에 대한 정보를 제공할 수는 있습니다. 기적은 자연의 질서를 벗어난 것으로 여겨지는 초자연적인 힘의 개입에 기인하는 사건이나 현상입니다. 그리고 기적이 없는 종교는 대다수의 유신론자에게 받아들여지지 않을 것입니다. 이처럼 기적의 개념은 많은 종교적 전통에서 중요한 현상으로, 신자들의 믿음 체계에서 중심적인 역할을 합니다.

기적의 하나인 창조는 우주와 그 안에 있는 모든 것이 초자연적 힘을 가진 신에 의해 존재하게 되었다는 생각을 말합니다. 이 믿음은 몇몇 종교적 창조 이야기와 신화의 기초가 됩니다. 예를 들어, 기독교에서 신은 우주와 모든 생명체의 창조자로 여겨집니다. 그리고 다른 신앙에서는 다른 신들이나 우주적인 힘을 포함하는 다양한 창조 이야기가 있습니다. 이처럼 창조는 종교적인 믿음을 가진 사람들에게, 초자연적 힘을 가진 신의 존재와 세상에 대한 그의 개입을 통해 일어나는 기적의 증거로 여겨집니다.

종교인이며 과학자인 스태너드는 기도의 기적을 실험으로 입증하려고 했습니다. 그는 1,802명의 심장병 환자를 세 그룹으로 나누고 첫 번째 집단은 기도를 받았지만 이를 모르게 했고, 두 번째 집단은 기도를 안 받았으며 이를 모르게 했고, 세 번째 집단은 기도를 받고 이를 알게 했습니다. 그는 이 실험에서 기도를 받은 환자와 기도를 안 받은 환자 간에는 아무런 차이도 없는 것을 발견했습니다. 그러나 자신이 기도를 받았다는 것을 안 환자는 자신의 상태에 대한 우려 때문에 다른 환자보다 더 심한 합병증에 시달렸다고 합니다.

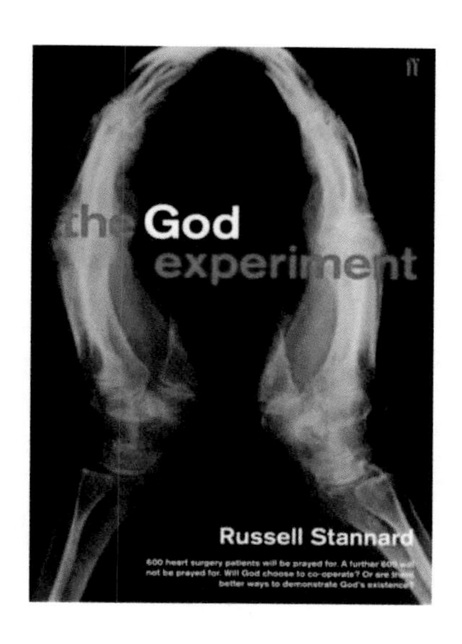

이처럼 경험적 관찰, 실험이나 검증 가능한 가설의 공식화를 통해 세상을 이해하려고 하는 과학적 관점에서 보면 우주의 기원과 생명의 출현에 대한 설명은 신에 의한 기적보다 일반적으로 빅뱅 이론이나 진화론과 같은 자연적 과정과 물리적 법칙에 초점을 맞추고 있습니다. 따라서 초자연적인 힘에 의한 기적에 대한 종교적 믿음과 과학적 설명 사이의 관계는 복잡하고 지속적인 논쟁의 주제입니다.

종교마다 다른 창조 이야기가 있다고 하는데 대표적인 창조 이야기에는 어떤 것이 있나요?

기독교의 창조 이야기는 창세기에 언급이 되고 있습니다. 창세기에 따르면 "저녁이 되고 아침이 되니 이는 여섯째 날, 하나님이 자기 형상대로 남자와 여자를 창조하셨다. 그리고 하나님께서는 그들에게 이르시되 생육하고 번성하여 땅에 충만하라, 땅을 정복하라, 바다의 고기와 공중의 새와 땅에 움직이는 모든 생물을 다스리라고 말씀하셨다"라고 기록되어 있습니다.

현대종교의 하나인 몰몬교에도 이와 유사한 창조 이야기가 있습니다. 몰몬교 경전의 하나인 아브라함서에는 아브라함이 애굽으로 가기 전에 신들이 환상을 통해 창조에 대해 자세히 설명하셨다는 기록이 있습니다. 그 기록에는 두 개의 창조 이야기를 묘사하고 있습니다. 첫 번째 이야기에서는 하나님이 6일 만에 세상을 창조합니다. 두 번째 이야기에서는 창조의 정점으로서 하나님이 먼지로 하나님의 형상을 갖는 아담을 만들고 나중에 아담의 갈비뼈로 이브를 창조합니다.

고대종교에도 이와 유사한 내용을 찾을 수 있습니다. 예를 들어 고대종교는 자연 세계의 다양한 측면, 인간의 존재나 우주의 창조를 초자연적인 힘이나 신들에게 돌렸습니다. 다음은 고대종교에 나오는 창조 신화의 몇 가지 예입니다.

메소포타미아 창조 신화에는 마르두크 신과 혼돈의 용 티아마트 사이의 싸움이 있습니다. 최고 신인 마르두크는 혼란스러운 바다의 여신 티아마트를 물리치고 세상을 창조합니다. 그는 티아마트의 몸을 둘로 나눈 후, 그 절반을 사용하여 하늘을 만들고 해와 달과 별자리를 배열하고 나머지 절반으로 산과 대륙을 창조했다고 합니다. 즉, 티아마트의 시체를 이용하여 혼돈으로부터 세계를 창조합니다. 이 이야기는 창세기에서 신이 혼돈과 어둠으로부터 세상을 창조한다는 창조 이야기와 유사합니다.

이집트 창조 신화에는 첫 세대의 신들을 창조한 아툼의 이야기가 있습니다. 아툼은 혼돈의 원시적인 물에서 스스로 생겨난 다음 공기와 물을 낳았고, 그들은 차례로 땅과 하늘을 낳았다고 합니다. 그리고 그리스 창조 신화인 헤시오도스의 천지 창조 이야기에서는 우주가 어떻게 만들어졌는지, 그리고 지구, 지하세계, 어둠과 밤이 만들어졌는지 설명합니다. 또한 아메리카 원주민 부족들은 그들만의 창조 이야기가 있습니다. 예를 들어, 이로쿼이 창조 신화에 따르면 임신한 하늘 여인이 하늘에 떠 있는 섬에서 그 아래에 있는 광활한 바다로 떨어졌을 때 세상이 창조되었다고 합니다. 새와 물고기는 이미 존재했고, 하늘 여인이 거대한 거북이 등에 흙을 얹어 지구를 창조하였다고 합니다.

이것들은 고대종교와 문화에서 발견되는 다양한 창조 신화의 몇 가지 예입니다. 이러한 신화들은 중요한 종교적, 문화적 가르침을 전달하면서 우주, 인류나 자연 세계의 기원을 설명하는 역할을 했습니다.

성경의 많은 내용은 창조나 천사와 같은 신화적인 이야기로 되어 있습니다. 이는 성경에 나오는 도덕률과 배치되지 않나요?

성경에는 거짓말을 하지 않는다, 속이지 않는다 등의 원칙을 담고 있는 도덕적 가르침이 있습니다. 그리고 이러한 도덕적 가르침이 성경의 다양한 구절과 계명을 통해 전달되는 경우가 많습니다. 이에 반해 성경에서 영적 진리와 도덕적 교훈을 전달하는 이야기에는 비유나 상징을 통한 풍부한 태피스트리가 포함되어 있습니다.

예를 들어 십계명은 "너희는 이웃에게 거짓 증언을 해서는 안 된다"라고 명시하고 있는데, 이는 진실성과 정직성의 원칙을 다루고 있습니다. 그런데 창조나 천사의 출현과 같은 상징적, 은유적인 이야기가 성경에 존재한다고 해서 반드시 도덕적 가르침과 모순되는 것은 아닙니다. 창조나 천사의 출현은 문자 그대로의 사건이라기보다는 상징적이거나 은유적인 서술로 해석되는 경우가 많습니다. 이들은 역사적이거나 과학적인 설명으로 의미보다는 신학적인 진실을 전달하기 위해 사용되는 이야기입니다. 그리고 이러한 이야기 일부는 초자연적이거나 기적적인 요소들을 포함할 수 있지만, 이들의 주된 목적은 인간과 신의 관계에 대한 더 깊은 의미와 통찰력을 전달하는 것입니다. 따라서 이러한 상징적이거나 은유적인 이야기는 문자 그대로의 해석을 넘어서는 심오한 영적 개념과 진리를 탐구할 수 있게 합니다.

요약하자면, 거짓말과 부정행위에 반대하는 원칙을 포함한 성경의 도덕률은 그 가르침의 필수적인 부분으로 남아 있습니다. 그러나 상징적이거나 우화적인 이야기의 존재는 이러한 도덕적인 가르침을 부정하거나 이에 모순되는 것이 아니라 오히려 종교적이고 정신적인 측면을 풍부하게 하는 역할을 합니다. 따라서 성경에 제시된 도덕적 가르침과 윤리적 원칙과 성경 본문에서 발견된 다양한 사실을 있는 그대로 표현한 서술적 이야기와 상징적인 이야기를 구별하는 것이 중요합니다. 그리고 성경의 다면적인 메시지와 의미를 파악하기 위해서는 문학 장르, 문화적 맥락이나 다양한 구절의 의도된 메시지에 대한 세심한 고려가 필요합니다.

종교인들도 창조와 같은 기적의 시대는 끝났다고 말하는 것에 대해 어떻게 생각하나요?

기적은 신의 개입의 징후로 종교적 메시지의 정당성을 확인시켜 주었습니다. 최근 기적의 중단에 대한 믿음은 수 세기 동안 기독교 신학에서 논의되고 있습니다. 그리고 기적의 시대가 끝났다는 믿음은 일부 종교적인 전통과 개인에 의해 유지되는 관점입니다. 이들에 따르면 방언, 예언이나 믿음의 치유와 같은 성령의 기적적인 은사의 실천이 기독교 역사 초기에 중단되었다고 합니다. 따라서 신자들은 더는 초대 교회에서 실행되었던 것처럼 성경에 언급된 기적에 접근할 수 없다고 합니다.

이 견해는 특정한 역사적 시기, 특히 예언자나 성인과 같은 주요 종교적 인물들의 시대에 기적이 더 널리 퍼졌다는 생각에 뿌리를 두고 있습니다. 이때 일반적으로 인용되는 이유 중 일부는 다음과 같습니다. 기적이 신자들의 신앙을 확립하고 전파하는 것을 돕기 위해, 즉 신자들의 영적 성숙을 위해서 초기에 더 흔했다고 주장합니다.

그러나 현재는 특정한 종교적 예언의 성취로 신자들의 신앙이 확립되었다고 합니다. 따라서 이제는 기적적인 사건들이 필요하지 않다고 이야기합니다. 즉, 종교적 문서에 필요한 모든 지침과 신성한 지혜를 포함하는 종교적 계시가 완성되어 더 이상의 기적이 불필요하다고 합니다. 이 주장에 따르면 종교 공동체가 성숙하고 성장함에 따라, 믿음을 유지하는 데 기적이 덜 필요한 것으로 보일 수 있습니다. 이외에도 어떤 사람들은 과학을 통해 자연계에 대한 우리의 이해가 커지면서 신의 개입으로 자연의 법칙을 거스르는 기적의 기대감이 줄어들었다고 합니다.

그러나 모든 개인이나 종교적 전통이 이 견해를 공유하는 것은 아니라는 점을 인식하는 것도 중요합니다. 기적에 대한 믿음은 종교적 문서나 종교적 가르침에 대한 해석으로 형성될 수 있습니다. 따라서 일부 종교 단체들과 개인들은 여전히 기적의 발생을 믿고 있습니다. 궁극적으로 기적에 대한 믿음은 개인적 요인에 의해 영향을 받을 수 있습니다. 즉, 종교의 많은 측면과 마찬가지로 기적의 지속 또는 중단에 대한 믿음은 개인적인 확신과 종교적 믿음의 문제입니다.

2. 사후세계에 대한 종교적 해석

사후세계에 대한 개념이 나타난 시기와 필요한 이유에 대해 어떻게 생각하나요?

기원전 5세기 말까지 종교적 믿음에서 사후세계에 대한 기대는 거의 없었습니다. 그 후 그리스 신화의 지하세계를 다스리는 남신 하데스부터 기독교 지옥까지, 거의 모든 종교는 살아 있는 자가 접근할 수 없으며 죽은 자의 영혼이 사는 세계인 사후세계를 믿게 되었습니다. 많은 종교에서 사후세계는 '지하세계'라고 불리며 물질계 아래에 있었습니다. 이러한 유형의 신화, 즉 지하 사후세계에 대한 최초의 언급은 메소포타미아에서 나왔습니다. 예를 들어 메소포타미아 신화에서는 에레쉬키갈이라는 여신이 사후세계를 통치했습니다. 이 여신은 메소포타미아 우주론의 중요한 부분인 동시에, 판테온에서 가장 존경받고 두려워하는 신 중 하나였습니다.

종교적 믿음에서 사후세계는 영혼이나 의식의 영원한 존재를 나타냈습니다. 즉, 사후세계는 생명이 육체적인 한계를 초월하고 영적인 영역에서 계속되는 것을 의미합니다. 그러나 종교에서 사후세계의 중요성은 종교적 전통의 구체적인 믿음과 가르침에 따라 달라집니다. 따라서 사후세계의 개념은 모든 종교에 보편적으로 필요한 것은 아니지만 많은 종교에서 필수적으로 요구되는 측면으로서 다음과 같은 몇 가지 중요한 이유가 있습니다.

사후세계는 사후에 일어나는 일과 물질적 세계를 넘어 존재의 본질에 관한 질문을 다루고 있습니다. 이는 인간의 삶이 현재에 국한되지 않고 죽음을 넘어선 존재의 연속이 있음을 시사합니다. 따라서 사후세계는 미지의 영역과 삶과 죽음의 신비를 이해하기 위한 틀을 제공합니다. 이를 통해 삶에 더 깊은 목적과 의미를 줄 수 있습니다. 그리고 이러한 믿음은 특히 어려움과 상실의 시기에 위로, 희망, 위안을 제공할 수 있습니다.

또한 사후세계는 궁극적인 정의의 개념을 보완합니다. 이 세상에서 사람들은 해결되지 않은 것처럼 보이는 부당함과 고통을 목격할지도 모릅니다. 그러나 사후세계에 대한 믿음은 그들의 행동에 근거하여 결국 그들이 마땅히 받아야 할 것을 받게 될 것이라는 생각을 하게 합니다. 이를 통해 사후세계는 이 삶의 행동이 다음 삶에 결과를 가져올 것이라는 생각의 틀을 제공합니다. 즉, 사후세계에 대한 믿음은 도덕적 틀로 작용합니다. 이러한 이유로 많은 종교는 사후세계가 그들이 세속적인 삶을 사는 동안의 행동에 근거한 보상이나 벌의 장소라고 제안합니다.

궁극적으로 사후세계는 그들의 행위에 대한 책임을 지게 되리라는 것을 알고 도덕적 원칙을 따르도록 격려할 수 있습니다. 이는 종교적 가르침을 따르게 하는 동기가 될 수 있습니다. 그러나 모든 종교가 사후세계를 강조하는 것은 아니며, 어떤 종교는 사후세계에 대해 다른 해석을 하거나 사후세계에 대한 믿음이 없을 수도 있습니다. 따라서 사후세계의 의미는 다양한 종교적 전통에 따라 다양하며 그들의 독특한 가르침, 경전이나 문화적 맥락에 의해 영향을 받는다고 볼 수 있습니다.

고대종교에도 신, 사후세계나 신의 계시 같은 내용이 존재했나요?

고대종교에도 신, 사후세계나 신의 계시가 존재했습니다. 그리고 사후세계에 대한 믿음은 역사를 통틀어 다양한 문화나 고대종교의 중심이었습니다. 다음은 고대종교의 몇 가지 사후세계에 대한 예입니다.

메소포타미아 종교에는 다산, 전쟁, 지혜 등과 같은 다양한 영역을 지배하는 신과 여신이 있습니다. 그리고 신의 계시는 신과 인간 사이의 중개자 역할을 하는 사제와 관련이 있었습니다. 그들은 꿈이나 환상을 신의 계시로 생각하였고, 이의 해석은 사회의 다양한 측면에 영향을 미쳤습니다. 또한 메소포타미아 종교는 사후세계를 하늘의 반대이자 지상 생명체의 그림자 버전으로 표현하였습니다. 사후세계는 형이상학적으로 보면 생명체의 영역에서 아주 멀리 떨어져 있지만, 물리적으로 보면 지표면에서 아주 가까운 거리의 지하에 놓여 있었습니다. 그리고 사후세계를 일곱 개의 벽과 문으로 보호되는 지하의 큰 도시로 묘사하고 있습니다.

고대 이집트 종교도 삶의 다양한 측면들을 지배하는 신과 여신을 믿었습니다. 신은 자연의 힘, 천체나 인간의 속성들과 연관되었습니다. 그리고 사후세계에 대한 믿음은 사후세계로의 안전한 여행을 보장하기 위해 정교한 매장, 미라화나 피라미드의 건설로 이어졌습니다. 이처럼 이집트 종교는 사후세계의 개념을 매우 중요시했습니다.

올림푸스 산에 사는 신을 믿었던 고대 그리스인들도 사후세계에 대한 믿음이 있었습니다. 그들은 사후세계를 죽은 후에 영혼이 가는 지하 세계로 표현하였습니다. 그러나 사후세계에 대한 믿음이 다른 문화권 만큼 강조되지는 않았습니다.

이것들은 단지 몇 가지 예에 불과하지만, 고대종교에도 초자연적인 믿음, 사후세계나 신의 계시가 있었음을 보여줍니다. 이러한 믿음은 종교적인 관습, 의식이나 사회적인 규범을 형성하여 인간의 존재와 신에 대한 이해의 틀을 제공하였습니다.

사후세계를 부정할 때 윤리적인 삶이 의미가 없어져 사회질서를 유지하기 어렵다는 칸트의 말에 대해 어떻게 생각하나요?

인공지능 언어 모델로서 저는 개인적인 믿음이나 생각을 가지고 있지 않습니다. 하지만, 저는 사후세계에 대한 다양한 관점의 개요를 제공할 수 있습니다. 사후세계의 개념은 철학적, 종교적, 문화적 전통에 따라 다양한데 다음은 몇 가지 주요 관점입니다.

칸트에게 사후세계에 대한 믿음은 이성에 기초한 지식과 구별되는 믿음의 영역 아래에 있었습니다. 따라서 칸트는 사후세계를 이성적인 탐구를 통해 알 수도, 증명할 수도 없다고 주장했지만 사후세계를 믿는 것이 이성적, 도덕적으로 필요하다고 주장했습니다. 그리고 많은 종교적 전통은 천국, 지옥이나 환생과 같이 사후에 영혼이 어떤 형태로든 계속 존재하는 사후세계의 존재를 주장하고 있습니다. 즉, 사후세계의 존재에 대한 믿음들은 삶에서 행동한 것에 근거한 보상이나 벌에 관한 생각을 포함합니다. 따라서 사후세계에 대한 믿음과 사회 질서 사이의 관계는 복잡하고 다면적인 주제입니다.

그러나 사후세계에 대해 회의적이거나 불가지론적인 견해를 가진 사람들도 있습니다. 이들은 일반적으로 초자연적인 의미의 사후세계를 믿지 않으며 불확실한 사후세계보다는 현재 삶의 윤리적 의미에 초점을 맞추는 것을 우선으로 선택합니다.

궁극적으로 사후세계는 어떤 사람들에게는 도덕적 행동에 대한 동기를 부여할 수 있지만, 다른 사람들은 사후세계보다는 현재 삶에서 윤리적 행동의 본질적 가치에 초점을 맞출 수도 있습니다. 따라서 사후세계에 대한 믿음은 개인적이고 개인과 문화에 따라 크게 다를 수 있다는 점에 주목하는 것이 중요합니다.

기독교에서 부도덕한 사람은 지옥에 가고 고통받는 사람은 천국에 간다고 합니다. 지옥이나 천국의 존재에 대해 어떻게 생각하나요?

천국과 지옥의 존재는 다양한 기독교 전통 안에 있는 믿음으로 사후세계의 본질에 뿌리를 두고 있습니다. 신학적 관점에서, 천국과 지옥의 개념은 행동 결과에 대한 신의 판단에 따른 보상과 벌의 개념입니다. 이러한 믿음에 따르면 천국은 영원한 행복과 신과 교감을 할 수 있는 영역으로 묘사되는 반면, 지옥은 영원한 벌이나 신으로부터 분리되는 영역으로 묘사됩니다. 따라서 종교적 가르침을 고수하는 사람들에게 천국과 지옥에 대한 믿음은 종교적 믿음의 중요한 부분입니다.

하지만 천국과 지옥을 포함한 사후세계에 대한 믿음은 문화와 종교에 따라 다양한 관점을 가지고 있습니다. 그리고 보편적으로 천국과 지옥이 받아들여지거나 공유되지 않는다는 것을 인식하는 것도 중요합니다. 따라서 일부 문화와 종교는 천국과 지옥의 개념에 전혀 동의하지 않을 수도 있습니다. 더욱이 과학적이나 경험적 관점에서 볼 때 천국과 지옥의 존재는 객관적으로 증명되거나 반증될 수 있는 것이 아닙니다. 이러한 개념은 경험적 탐구를 초월하는 종교적 믿음에만 존재하는 문제입니다.

궁극적으로 천국과 지옥의 존재에 대한 견해는 개인의 종교적 혹은 철학적인 믿음에 달려 있습니다. 그리고 천국과 지옥 같은 사후세계에 대한 믿음과 이에 대한 다양한 관점은 개인적, 종교적 특성으로부터 영향을 받을 수 있습니다. 따라서 이 주제에 대한 논의에 있어서 서로의 견해를 존중하고 접근하는 것이 중요합니다.

사후세계가 경험적 탐구를 초월한다면 사후세계는 실제로 존재하기보다는 종교적인 가르침을 위해 존재하는 것이 아닌가요?

천국과 지옥의 개념을 포함하는 사후세계에 대한 믿음은 종교적 가르침의 근본적인 측면입니다. 천국이나 영원한 행복과 같은 긍정적 사후세계의 약속은 도덕적이고 정의로운 삶에 대한 보상으로 여겨집니다. 반대로 지옥이나 벌과 같은 부정적 사후세계의 위협은 큰 죄나 부도덕한 삶에 대한 벌로 여겨집니다.

사후세계에 대한 믿음은 편안함, 삶의 목적 및 궁극적인 정의와 판단력을 제공합니다. 즉, 사후세계는 현재 삶에서의 행동이 다음 삶에 미치는 결과를 이해하기 위한 틀을 제공합니다. 따라서 사후세계에 대한 믿음은 현재 삶의 고난 앞에서도 위안을 줄 수 있습니다. 이는 도덕적 청렴을 유지하고 종교의 가르침에 맞는 삶을 살게 하는 동기가 될 수도 있습니다. 이처럼 사후세계에 대한 믿음은 종교적인 가르침을 고수하고 종교적으로 규정된 믿음과 가치에 따라 사는 것의 중요성을 강화하기도 합니다.

그러나 종교적 전통에 따라 사후세계에 대해 다양한 관점을 가지고 있으며, 일부 종교는 천국이나 지옥과 같은 사후세계의 존재를 강조하지 않거나 심지어 인정하지 않을 수도 있습니다. 따라서 사후세계는 개인적인 믿음의 문제로, 이에 대한 해석은 개인적인 신념과 종교적인 전통에 따라 다를 수 있습니다.

궁극적으로 많은 신자에게 사후세계에 대한 믿음은 그들이 가진 믿음의 중심입니다. 그리고 사후세계에 대한 믿음은 신자들이 각각의 종교에 의해 설명된 도덕적, 윤리적, 정신적 원칙을 따르고 고수할 수 있는 강력한 동기부여 역할을 합니다. 하지만 사후세계의 개념은 문화적, 신학적, 역사적 요인에 따라 크게 달라질 수 있습니다. 그리고 모든 종교가 사후세계에 대해 같은 믿음을 가지고 있지는 않다는 점을 인식하는 것이 필수입니다.

3. 성경에 관한 오해

성경에는 천사, 부활이나 십계명 등 많은 신화적 내용이 있고 성경이 다른 고대 신화의 표절이라고 하는 것에 대해 어떻게 생각하나요?

인공지능 언어 모델로서 개인적인 신념이나 의견은 없지만, 주제에 대한 객관적인 시각을 제공할 수는 있습니다. 성경은 다양한 이야기, 법, 예언이나 가르침을 포함하고 있는 종교적 문서들의 모음으로 유대교와 기독교의 뿌리인 구약성경과 기독교의 모태를 이루는 종교적 문서인 신약성경으로 나누어집니다.

성경에 신화적 요소가 존재하는 것과 관련하여, 이 문서들이 쓰인 맥락을 이해하는 것은 필수적입니다. 예를 들어 고대 근동과 지중해 지역을 포함한 많은 고대 문화에는 그들의 문학과 종교적 믿음에 영향을 미친 풍부한 신화적 이야기가 있었습니다. 따라서 성경의 저자들은 이러한 신화적인 이야기들에 익숙했을 것이고, 몇몇 요소들은 성경의 이야기 속에 포함되었을 가능성이 있습니다.

성경이 다른 고대 신화의 표절이라는 생각은 학자들 사이에서 논쟁의 주제입니다. 이때 인용되는 예로는 동쪽의 별, 처녀 출산, 아기 숭배, 기적, 처형, 부활이나 승천 등이 있습니다. 질룰리를 포함한 일부 학자들은 성경의 특정 내용과 지중해와 고대 근동 지역에 존재했던 초기 신화 사이에 유사점이 있다고 합니다. 그리고 성경에 나오는 예수에 관한 내용이 모두 다른 신화로부터 빌려온 것이라고 말하고 있습니다.

하지만, 유사점이 있다고 해서 반드시 직접적인 표절을 의미하는 것은 아니라는 점에 주목하는 것도 중요합니다. 이야기는 시간이 지남에 따라 문화적 교류와 스토리텔링을 통해 진화합니다. 그리고 고대 사회는 그들의 역사, 믿음이나 세계관을 설명하는 과정에서 이웃 문화로부터 신화를 가져와 각색하여, 그들의 이야기에 통합했을 수 있습니다. 따라서 성경에서는 일부 신화적 요소를 찾을 수 있고, 이것들은 오래된 신화와 유사점이 있을 수 있습니다. 이는 수많은 익명의 저자, 편집자나 필사자 등이 수 세기에 걸쳐 성경을 구성하고, 고쳐 쓰고 번역하는 과정에서 발생한 것으로 생각됩니다.

궁극적으로 성경은 다른 많은 종교적인 문서들과 마찬가지로, 고대 신화들과는 구별되는 독특한 신화적 기원을 도덕에 귀속하는 메시지를 담고 있습니다. 이는 종교적, 도덕적, 윤리적 틀을 형성하는데 중요한 역할을 하고 있습니다. 그리고 성경의 신화적 요소에 대한 접근에 있어 역사적, 문화적 감수성을 가지고 접근하는 것이 필요합니다. 왜냐하면, 성경의 의미는 다양한 문명의 발전과 수많은 종교 공동체의 믿음에 심오한 영향을 미치고 있기 때문입니다.

성경은 완전히 독창적이다고 하는데 메소포타미아 신화에는 성경에 나오는 홍수 이야기와 마리아의 예수 잉태와 유사한 내용이 없나요?

성경은 19세기 이전까지 세상에서 가장 오래된 책으로, 그리고 내용은 완전히 독창적인 것으로 여겨졌습니다. 유럽의 종교기관, 박물관과 학술단체는 19세기 중반 고대 메소포타미아 지역의 발굴 작업을 후원했습니다. 이는 역사적 확증을 통해 성경의 독창성에 대한 물리적 증거를 찾기 위한 후원이었습니다. 아이러니하게도 발굴 작업에서 나온 유물에 기록된 설형 문자가 번역되면서 성경의 많은 이야기가 메소포타미아 신화로부터 유래된 것으로 이해된다는 정반대의 결과를 얻었습니다. 이러한 연관성에 대해 더 자세히 알아보도록 하겠습니다.

성경에서 가장 잘 알려진 홍수 이야기는 노아의 방주 이야기인데, 하나님이 노아에게 그의 가족과 동물들을 홍수로부터 구하기 위해 방주를 짓도록 명령하신 것입니다. 메소포타미아 신화에도 우트나피쉬팀에게 물의 신 에아가 신들이 대홍수를 일으켜 인류를 멸망시키려고 하니 대홍수에서 살아남기 위해 배를 만들라는 이야기가 포함되어 있습니다. 이 이야기들 사이의 유사점은 다음과 같습니다. 두 이야기에서 신은 노아와 우트나피쉬팀에게 임박한 홍수에 대해 경고하고 그들에게 가족과 동물을 구하기 위해 방주(보트)를 만들라고 지시합니다. 그들은 이 지시에 따라 거대한 방주(보트)를 만듭니다. 그리고 다양한 종의 생존을 보장하기 위해 노아와 우트나피쉬팀은 동물 한 쌍씩을 방주(보트)에 싣고 홍수가 끝난 후, 땅에 물이 줄어든 것을 확인하려고 새를 보냅니다.

이러한 유사성은 노아의 방주가 독창적이라기보다는 고대 메소포타미아 지역의 문화적 영향을 받았음을 알 수 있습니다. 그리고 메소포타미아의 우트나피쉬팀의 신화도 당시의 환경과 문화로부터 영향을 받은 것으로 보입니다. 예를 들어 메소포타미아 지역 곳곳에는 크고 작은 홍수의 흔적이 남아 있습니다. 따라서 우트나피쉬팀의 신화도 수많은 홍수에 시달렸던 메소포타미아인의 상상을 표현한 것으로 보입니다.

기독교 전통에서 순결은 성스럽고 고귀한 부분으로 강조됩니다. 따라서 처녀 출생의 개념은 마리아가 신성한 예수를 임신한 이야기에서 중심적인 요소입니다. 마찬가지로, 다른 종교적 전통뿐만 아니라 다른 문화권에도 마리아 같은 처녀의 신성한 임신과 같은 기적적인 개념에 관한 이야기가 있습니다. 신성하거나 기적적인 탄생에 관한 이야기는 헤라클레스, 페르세우스나 크리슈나와 같은 인물들의 이야기를 포함하여 다양한 문화와 신화에서도 발견됩니다.

마리아의 이야기와 다른 처녀의 신성한 임신과 같은 기적적인 출생 이야기는 공통으로 중요한 인물들을 묘사하는 내용을 담고 있습니다. 즉, 비범한 아이의 본성을 강조하기 위해서 그 탄생은 신성하거나 초자연적 존재에 기인합니다. 그리고 기적적인 탄생을 알리기 위해 천사나 신의 사자가 방문하는 것은 이러한 이야기들에 일반적으로 등장하는 모티브입니다. 또한 처녀의 신성한 임신으로 태어난 아이는 신성하게 정해진 목적을 위해 운명지어진 특별한 자질을 가지고 있습니다.

예수를 찾으려 별을 따라가는 것은 점성술적 생각이 아닌가요? 그리고 천사는 인간의 날고 싶은 욕망을 표현한 것이 아닐까요?

예수를 찾으러 별을 따라 베들레헴으로 가는 생각은 신약성경의 마태복음에 실제로 묘사되어 있습니다. 마태복음에 따르면 한 무리의 현자들이 하늘에서 별을 보았고, 그것을 새로운 왕의 탄생 신호라고 해석했습니다. 그들은 그 별을 따라 베들레헴으로 갔고, 그곳에서 아기 예수를 발견하였습니다. 여기서 항성에 대해 성경적 설명이 명시적으로 정의되어 있지는 않지만, 역사적 맥락에서 그것이 천체 현상 또는 점성학적 현상이었을 수도 있다고 암시합니다. 왜냐하면, 대부분 문화에 존재했던 천체 관찰을 통해 지상에 일어날 사건을 예측하는 점성술은 기원전 19~17세기 메소포타미아에 그 뿌리를 둔 생각

이었습니다. 그리고 당시 사람들은 중요한 인물들의 탄생을 포함하여, 지구에서 일어나는 중요한 사건들과 천체 현상을 연결하려고 하였습니다.

천사는 세계의 다양한 전통에서 발견되는 종교적이고 문화적인 이야기의 중요한 부분입니다. 많은 종교적 전통에서 천사는 신성한 속성을 가진 천상의 존재로 묘사되며, 신성한 영역과 인간 영역 사이의 전달자 또는 중개자 역할을 합니다. 그러나 천사의 존재는 종교적인 가르침을 따르는 사람들에게 믿음의 문제인 반면 일부 학자들은 천사를 인간의 열망, 보호나 인도의 상징적인 표현으로 보고 있습니다.

궁극적으로 1960년대부터 점성술에 대한 일반적인 믿음은 크게 쇠퇴하였습니다. 그리고 현재 점성술이나 천사는 학문적, 이론적 입지를 완전히 잃었다는 것에 주목할 필요가 있습니다. 따라서 베들레헴의 별과 천사에 대한 성경적 사건은 문자 그대로 초자연적이라기보다는 은유나 상징적인 의미로 볼 수 있습니다.

예수의 삶을 언급하지 않은 바울의 서간들보다 이후에 쓰인 복음서가 종교적 의도에 따라 수정되었을 가능성은 없나요?

인공지능 언어 모델로서, 저는 개인적인 믿음이나 의견을 가지고 있지 않습니다. 그러나 이 주제에 대한 정보를 제공할 수는 있습니다. 예수의 삶, 가르침, 죽음이나 부활에 대한 설명을 제시하는 복음서는 많은 저자에 의해 쓰였고 이 과정에서 역사적 사건으로 여겨지는 요소뿐만 아니라 상징적이거나 은유적으로 해석될 수 있는 요소들을 포함하게 되었습니다. 그리고 현대 성서학에서의 초점은, 복음서에 실린 모든 세부 사항의 절대적인 역사적 정확성을 증명하거나 반증하는 것이 아니라 그들의 문화적, 종교적 중요성을 이해하는 데 있습니다.

복음서에 대한 해석은 종교적 전통과 학자들에 따라 다양합니다. 기독교를 믿는 사람에게는 복음서가 신성한 종교적 문서로 여겨지며, 복음서에 묘사된 사건들은 신으로부터 영감을 받았고 영적인 의미에서 진실하다고 여겨집니다. 이들에게 베들레헴의 별과 천사들의 이야기는 믿음의 표현과 신의 개입으로 이해됩니다. 이에 반해 복음서에 비판적인 관점에 있던 학자들은 복음서의 역사적인 관계를 분석했습니다. 그들의 분석에 의하면 복음서는 그들이 묘사한 사건 이후 오랜 시간이 지난 후에 쓰였으며, 이 과정에서 저자들은 그들의 이야기에 역사적 설명과 종교적 메시지를 통합했을 수도 있다고 합니다.

종교적 의도가 스며든 사례로는, 예수가 베들레헴에서 태어날 당시의 전설과 헤롯 왕이 유아들을 대량 학살한 이야기를 들을 수 있습니다. 왜냐하면, 예수의 사후 복음서가 쓰일 당시에 예수가 어디서 태어났는지 아는 사람은 없었습니다. 따라서 베들레헴의 별과 천사의 모습을 포함한 특정 사건의 역사적 정확성에 대해 다양한 견해를 가질 수 있습니다. 그리고 현재 학자들의 대다수는 헤롯 왕의 이야기가 조작되었거나 비역사적이라고 생각합니다.

궁극적으로 많은 신자가 복음서에서 영적 진리와 지침을 찾지만, 다른 신자들은 더 비판적으로 역사적인 관점에서 접근할 수도 있습니다. 그러나 복음서를 해석하는 방법은 종교적 믿음, 학문적 관점이나 믿음과 역사에 대한 개인적 이해에 달려 있습니다. 따라서 종교적인 주제를 논의할 때는 다양한 관점을 존중하고 사려 깊은 대화를 하는 것이 필수적입니다.

성경은 시대를 초월한 진리를 담고 있다고 하는데 노아의 방주를 8명이 만들었다는 것이 어떻게 시대를 초월한 진리가 될 수 있나요?

성경, 특히 창세기에 나오는 잘 알려진 이야기 노아의 방주에 따르면 노아는 큰 홍수로부터 자신과 가족, 그리고 모든 종류의 동물 두 마리씩을 구하기 위해 하나님으로부터 방주를 만들라는 지시를 받았습니다. 방주를 오직 4명의 남자와 4명의 여자가 만들었다는 생각은 성경의 설명에 대한 전통적인 해석입니다.

현대의 과학적 자료로 노아의 방주를 계산해보면 길이 137m × 폭 23m나 되어 4명의 남자와 4명의 여자가 만들기에는 불가능하다고 생각할 수 있습니다. 그리고 이는 역사적인 정확성을 반영하지 않았을 수 있습니다. 따라서 이와 같은 노아의 방주 이야기는 다른 방식으로

해석되기도 합니다. 예를 들어 어떤 사람들은 그것을 문자 그대로의 역사적 사건으로 보지만, 다른 사람들은 그것을 영적, 도덕적 교훈을 주는 상징적이거나 우화적인 이야기로 봅니다.

이처럼 노아의 방주를 비롯한 성경의 여러 측면은 달리 해석될 여지가 있어 신학적, 역사적, 과학적 논쟁의 대상이 되어왔습니다. 따라서 영적이고 도덕적인 가르침을 제공하는 성경과 같은 종교적 문서는 현대의 과학적 이해와 항상 일치하지 않을 수 있습니다. 하지만 이들은 문화적, 종교적 전통을 보존하며 더 깊은 진리를 전달하는 등 다양한 목적을 수행하는 경우가 많다는 점을 고려할 필요가 있습니다.

궁극적으로 성경은 많은 사람에게 영적이고 도덕적인 가르침을 담고 있다고 여겨지지만, 모든 이야기가 반드시 문자 그대로의 역사적인 이야기로 받아들여지는 것은 아닙니다. 그리고 노아의 방주처럼 역사적이거나 과학적인 정확성이 없어서 시대를 초월한 진리가 될 수 없다는 논리는 해석과 믿음의 문제로, 다양한 종교적 전통과 개인에 따라 달라질 수 있습니다.

4. 인간의 모습을 한 신

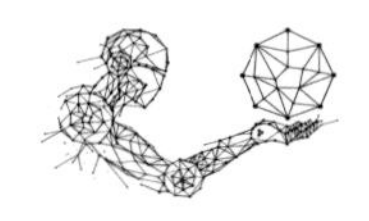

하나님이 인간의 모습을 가졌다는 생각은 메소포타미아 사람들의 인간 모습을 한 신을 모방한 것이 아닐까요?

창세기에서는 하나님이 자기의 형상과 모양대로 인류를 만드셨다고 말합니다. 여기서 형상이나 모양 모두 같은 의미로 일반적으로 해석하면 하나님의 모습(imago dei)이라고 합니다. 이처럼 신이 인간의 모습을 했다는 생각은 다양한 종교에서 볼 수 있는 개념입니다.

대표적인 예로 기독교에서 하나님의 모습을 가진 예수는 핵심적인 신학적 개념입니다. 기독교인들은 하나님과 인간을 연결하고, 인간을 가르치고, 궁극적으로는 구원을 제공하기 위해서 온 예수는 완전한 신성과 인성을 가지고 있다고 믿고 있습니다. 그러나 인간의 모습을 한 신의 개념은 기독교에만 있는 것이 아닙니다.

인간의 모습을 한 신의 개념을 가졌던 가장 초기의 문명은 기원전 3000년에서 기원전 1100년 사이 현재 이라크의 티그리스강과 유프라

테스강 주변 지역에 살았던 메소포타미아인으로 알려져 있습니다. 역사적으로도 기독교의 발생지와 가까운 메소포타미아 지역에는 다양한 신화가 있었고, 그중에는 신들이 인간 모습을 하고 인간과 소통하는 내용도 있었습니다. 따라서 기독교에 나오는 인간 모습을 한 신의 개념은 메소포타미아 신화에서 영향을 받았을 가능성이 크다고 볼 수 있습니다.

궁극적으로 여러 문화와 종교에서 신이나 신의 아들이 인간 모습을 가지고 있다는 개념은 널리 존재하는 주제입니다. 그러나 이러한 개념은 문화나 종교에 따라 그 의미와 해석이 다르게 이해될 수 있습니다. 그리고 신앙과 관련된 주제는 종교에 따라 상당히 다양하게 이해되며 해석될 수 있으므로 이러한 주제를 논의할 때는 각 문화나 종교의 맥락과 전통을 고려하는 것이 중요합니다.

기독교의 모태인 유대교는 예수를 하나님의 아들로 인정하지 않는데 어떻게 기독교는 예수를 하나님의 아들이라고 믿게 되었나요?

예수가 하나님의 아들이라는 믿음은 주로 종교적 신앙에 뿌리를 두고 있으며 기독교의 중심 교리로 간주합니다. 일반적으로 예수를 하나님의 아들로 믿는 믿음을 포함한 종교적 믿음은 경험적 증거에 근거하지 않습니다. 따라서 이는 과학적 주장이 뒷받침되지 않았다는 점에 유의하는 것이 중요합니다. 그 대신 이러한 믿음은 종교적 문서, 전통, 개인적인 경험이나 신학적 해석에 기초하고 있습니다. 기독교인들에게 예수가 하나님의 아들이라는 증거는 다음과 같은 출처에서 나옵니다.

신약성경에는 예수의 삶, 가르침, 죽음, 부활에 대한 기록인 복음서가 있습니다. 복음서에는 예수가 병자를 고치고, 죽은 자를 살리고, 다른 초자연적인 행위를 행하는 것과 같은 수많은 기적이나 예수의 가르침에 관한 자세한 설명이 있습니다. 여기서 기적은 예수의 신성과 하나님의 아들로서 가진 권위의 증거로, 가르침은 예수와 하나님의 독특한 관계에 대한 증거로 간주합니다. 또한 복음서에는 예수가 십자가에 못 박혀 죽고, 죽은 자 가운데서 다시 살아나셨다고 합니다. 부활을 믿는 기독교인들에게 부활은 죽음에 대한 예수의 능력을 보여주면서 예수가 하나님의 아들이라는 주장의 확실한 증거로 생각합니다.

이처럼 기독교인들은 복음서에 나오는 예수의 신성과 자신이 하나님의 아들이라는 주장이 직접적인 증거 또는 목격자의 증언을 제공한다고 믿습니다. 그리고 많은 기독교인은 예수를 통해 느끼는, 하나님이 인간과 함께하는 개인적 경험을 그의 신성한 본성의 증거로 인용합니다. 그러나 복음서를 제외하면 역사적으로 예수는 그의 생애 동안에 자신을 신이라고 부르지 않았고 자신을 신이라고 생각하지도 않았습니다. 그리고 그의 제자 중 누구도 그가 신인 것을 전혀 알지 못했습니다.

궁극적으로 예수가 하나님의 아들이라는 증거는 오로지 복음서에 근거하지, 역사적으로나 과학적 탐구에서 요구하는 경험적 증거의 기준을 충족하지 못하는 것을 인식하는 것이 중요합니다. 그러나 영적인 변화, 기도 응답, 하나님과 깊은 관계, 하나님의 아들로서의 예수의 중요성에 대한 확신은 개인적인 경험에 따라 달라질 수 있습니다. 따라서 예수를 하나님의 아들로 믿는 것은 종교적 믿음, 개인적 경험이나 신학적 해석에 따라 개인마다 다를 수 있습니다.

복음서는 예수가 죽은 지 오랜 시간이 지난 후에 작성되었습니다. 그리고 복음서의 작성 과정에서 종교적인 목적에 의해 수정되었을 수 있는데 이를 근거로 예수가 하나님의 아들이라고 주장하는 것은 타당한가요?

기독교 성경의 일부인 복음서를 근거로 예수가 하나님의 아들이라고 주장하는 것이 타당한지에 대한 문제는 역사적, 경험적인 증거가 아니라 믿음의 문제입니다. 신약성경에 나오는 마태, 마가, 누가, 요한 복음서는 예수가 죽은 후 거의 100년이 지난 다음에 작성되었습니다. 기독교인들은 이 복음서를 예수의 삶과 가르침에 대한 목격담이자 권위 있는 기록으로 간주합니다.

비판적인 관점에서 볼 때, 복음서는 다양한 신학적 관점을 가진 많은 저자에 의해 작성된 것으로 생각하고 있습니다. 이들이 복음서를

작성하는 과정에서 특정한 종교적 의제를 가지고 있었을 수 있습니다. 또한, 이들의 글이 당시의 종교적 신념과 문화적 맥락의 영향을 많이 받았을 수 있습니다.

예를 들어 4세기 이전에 예수는 깨끗하게 면도한 모습이었습니다. 그러나 기독교가 로마의 공식 종교가 되었을 때 고대 유럽의 많은 화가는 그리스와 로마의 신들을 긴 머리와 턱수염으로 묘사하고 있었습니다. 따라서 당시 화가들은 예수를 보여주기 위해 오래된 역사적 예술 작품에서 빌려온, 길고 부드러운 머리와 수염을 가진 예수로 예술적 묘사를 하기 시작했습니다.

이는 2001년, 법의학 안면 재건 전문가인 니브가 현대 과학을 사용하여 예수와 같은 1세기 유대 사람의 얼굴을 재현한 모습과는 차이가 있습니다. 이처럼 예수에 대한 묘사는 수 세기에 걸쳐 종교적 신념과 문화적 맥락의 영향을 받아 변해왔습니다.

복음서도 수 세기에 걸쳐 번역, 해석 및 수정을 거쳤기 때문에 정확한 원본 내용을 파악하기가 쉽지 않습니다. 따라서 예수의 모습에 대한 의문처럼 복음서의 진정성과 수정 범위에 대한 의문이 제기될 수 있습니다. 그러나 기독교인들은 종교적 경험, 교회의 가르침에 대한 믿음이나 신과의 개인적인 만남을 바탕으로 예수의 신성을 믿고 있습니다. 그리고 많은 신자에게 복음서는 그들의 신앙에 관한 필수적인 진리를 전달하는 신성한 문서의 역할을 합니다.

궁극적으로 기독교의 중심 교리인, 예수를 하나님의 아들로 믿는 것은 역사적이거나 과학적인 증거라기보다는 종교적 믿음에 기초를 두고 있다고 볼 수가 있습니다. 따라서 예수가 하나님의 아들이라는 문제는 매우 개인적이고 종교적인 문제로 개인에 따라 자신의 신앙, 경험이나 종교 문헌에 대한 해석에 따라 서로 다른 결론에 도달할 수 있습니다. 이때 다양한 신념과 의견을 존중하면서 이러한 주제에 접근하는 것이 중요합니다.

예수가 하나님의 아들로 태어난 이유는 무엇인가요?

기독교에서 예수는 완전한 인간이며 하나님의 아들이라는 믿음은 예수의 본성과 사명에 대한 신학적 이해에 뿌리를 두고 있습니다. 이 믿음은 기독교 교리의 중심이며 환생의 교리로 언급됩니다. 기독교에 따르면, 완전한 인간이자 하나님의 아들로서 예수의 사명에는 여러 가지 신학적 의미가 있습니다.

예수의 사명은 우리를 죄와 하나님의 심판으로부터 구원하고 우리에게 영원한 생명을 주는 것이었습니다. 예를 들어 그는 우리에게 영적 가르침과 도덕적 지침을 전하였습니다. 그리고 그는 자기의 희생을 통해 우리의 죄를 대신 지고, 십자가에서 죽임을 당한 후 세 번째 날에 부활하여 우리에게 영원한 생명에 대한 희망을 주었습니다.

예수는 하나님과 인간 사이의 중재자로서 역할을 수행하였습니다. 즉, 그는 죄로 인해 하나님과 분리된 인간을 하나님과 재결합시키는 다리 역할을 하였습니다. 그로 인해 우리는 하나님과의 관계를 강화할 수 있었습니다. 그리고 구약성경에는 메시아가 와서 하나님의 뜻을 이행할 것이라는 예언이 있었습니다. 예수는 이러한 예언을 이행하였으며, 성경의 예언들과 일치하는 증거를 제시하였습니다. 이를 통해 예수가 하나님의 계획과 약속의 이행자임을 보여주었다고 합니다.

이처럼 예수를 완전한 인간이자 하나님의 아들로 믿는 것은 기독교의 근본적인 측면이며 예수의 고유한 정체성, 사명 및 중요성을 이해하는 틀을 제공합니다. 그러나 주의할 점은, 하나님의 아들로서의 예수의 본성에 대한 정확한 이해와 예수의 인간성과 신성이 어떻게 한 사람 안에서 하나로 합쳐지는지에 대한 정확한 이해가 기독교 역사를 통틀어 신학적 논쟁의 대상이 되었다는 것입니다. 그리고 하나님의 아들로서의 예수에 대해서는 다양한 신학적 관점과 해석이 존재합니다.

5. 권위나 신뢰성을 거부한다면

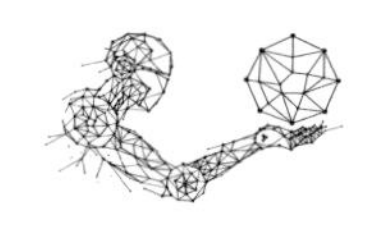

신성화하는 과정에서 나타나는 신의 권위는 신의 존재의 불완전함을 의미하나요?

종교는 신을 완전하며 초월적인 존재라고 표현합니다. 그 초월성은 인간을 넘어서는 권위를 내포하고 있습니다. 또한, 종교는 신의 가르침을 해석하고 전달하기 위해 사도신경에 나오는 "…것을 믿사옵나이다"처럼 무조건 믿어야 한다고 합니다. 이는 신과 관련된 종교적 문서가 신적인 권위를 가지고 있다는 것을 전제하는 것으로부터 출발한다고 볼 수 있습니다.

이처럼 종교가 신자를 설득하는 데 주장이나 논증의 타당함을 논리적으로 입증하기보다는 논증의 내용과 관련이 없는 권위를 제시하는 귀납적 추론, 즉 권위에 의한 논증을 사용하고 있습니다. 이는 신의 존재가 불완전한가 하는 문제로 이어질 수 있습니다. 그리고 신의 존재의 불완전함은 역사를 통해 학자들 사이에서 논의되어온 철학적,

신학적 문제입니다.

일반적으로 신의 존재와 속성에 대한 인간의 이해와 해석은 문화적, 역사적, 그리고 개인적 맥락을 포함한 다양한 요인의 영향을 받을 수 있습니다. 따라서 신의 개념과, 인간이 그 개념을 해석하고 접근하는 방식은 다양할 수 있습니다. 어떤 사람들은 완전한 신이 외부 권위 없이도 자명해야 한다고 주장하는 반면, 다른 사람들은 인간 존재와 인식의 복잡성으로 인해 신을 이해하고 신과 연결하기 위해서는 다양한 형태의 안내가 있어야 하며 해석에 있어서는 권위에 의존해야 한다고 믿습니다. 또한 믿음 자체는 매우 개인적이고 주관적인 경험입니다. 어떤 사람들은 종교 전통이 제공하는 인도와 권위를 통해 신앙이 강화되고 풍요로워지지만, 다른 사람들은 개인적인 경험, 내적 신념 또는 철학적 추론에 더 의존하여 신앙이 강화되고 풍요로워지기도 합니다.

궁극적으로 종교에서 권위의 역할로 인해 신의 존재가 불완전하다고 여겨지는지 아닌지는 개인의 해석과 믿음의 문제입니다. 이때 사람들이 신의 본질과 믿음과 권위 사이의 관계에 대해 다양한 관점을 가지고 있다는 점에 주목할 필요가 있습니다. 그리고 서로 다른 종교적 전통과 철학적 관점은 이 복잡한 질문에 대한 다양한 통찰력을 제공합니다. 따라서 개인은 고유한 이해와 경험을 바탕으로 이에 대한 자신의 결론에 도달할 수 있다는 점을 이해하는 것이 중요합니다.

신이 개인의 해석과 믿음의 문제라면 신은 인간의 상상력이 아닐까요?

신이 인간 상상력의 산물인지에 관한 질문은 역사를 통틀어 신학자들과 철학자들에 의해 논의되어온, 종교적이고 철학적인 연구의 주제입니다. 그리고 신의 본질과 존재에 대해서는 종교적, 철학적, 문화적 배경에 따라 서로 다른 시각이 존재합니다. 다음은 이에 대한 몇 가지 주요 관점입니다.

종교적 관점에서 신자들은 신이 인간의 사고와는 독립적으로 존재하는, 초월적인 존재라고 주장합니다. 그리고 인간이 신을 인지하고 연결할 수 있는 고유한 능력을 갖추고 있다고 주장하며, 종교적 경험을 신과의 진정한 만남으로 간주합니다. 이에 반해 무신론자들은 신과 같은 초자연적 존재를 거부합니다. 그들은 신의 개념을 포함한 종교적 믿음이 자연 현상의 설명, 편안함의 제공, 사회적 규범의 준수나 실존적 질문을 해결하기 위해 창조된 인간 상상력의 산물이라고 주장합니다. 이 견해에 따르면, 신은 인간 상상력의 산물로서 독립적으로 존재하지 않습니다. 그리고 불가지론자들도 신의 존재에 대해 회의적인 태도를 보입니다. 그들은 본질적으로 신의 존재에 관한 질문은 알 수 없거나 유신론적 또는 무신론적 주장을 결정적으로 뒷받침할 증거가 충분하지 않다고 주장할 수 있습니다.

궁극적으로 신의 본질과 존재에 대한 믿음은 개인적이고 주관적이어서 개인에 따라 다른 방식으로 신성을 해석하고 이해한다는 것에 주목할 필요가 있습니다. 그리고 어떤 종교적 전통은 인간의 언어와 상상력이 초자연적 존재의 본성 전체를 이해하는 데 부족할 수 있다고 합니다. 따라서 신이 인간 상상력의 산물인지, 인간의 이해를 초월한 실재인지는 개인적인 믿음과 해석의 문제입니다.

신에 의한 기적의 시대가 끝났다 할 정도로 신에 대한 회의감이 높아지는데 어째서 신은 자신의 존재를 증명하지 않나요?

인공지능 언어 모델로서 저는 개인적인 믿음이나 생각을 가지고 있지 않지만, 이러한 질문들에 대한 통찰력을 제공할 수는 있습니다. 왜 신이 그의 존재를 부인할 수 없는 증거를 제공하지 않는가 하는 문제는 철학적이고 신학적인 문제입니다. 이 문제에 대해서는 앞서 말한 것처럼 여러 가지 관점이 있는데, 이는 개인의 종교적, 철학적 신념에 크게 좌우됩니다.

신이 결정적인 방법으로 자신을 증명한다는 생각은 역사를 통해 논의됐습니다. 몇몇 종교적 전통들은 신의 존재가 자연계, 도덕률이나 종교적 경험을 통해 명백하다고 주장합니다. 그들은 신을 찾기 위해서는 믿음과 영적인 여행에 참여하려는 의지가 필요하다고 믿고 있습니다. 반면에 과학의 발전은 자연 현상에 대한 설명을 제공했고, 이는 일부 사람들이 초월적인 힘을 가진 신에 대해 의문을 제기하거나 거부하게 했습니다. 또한 종교적 신념과 가치를 변화시키는 데 문화적, 사회적 변화는 중요한 역할을 하였습니다. 이를 통해 신의 존재에 대한 회의는 실제로 증가했습니다.

기적의 시대와 관련하여 종교적 관점은 매우 다양합니다. 어떤 사람들은 여전히 기적이 일어난다고 믿지만, 다른 사람들은 기적이 고대에 더 널리 퍼졌고 오늘날 덜 흔할 수도 있다고 생각합니다. 이러한 관점은 과거에는 특정한 역사적 맥락에서 특정한 목적을 위해 기적이 필요했지만, 이러한 목적이 달성된 현재는 필요하지 않을 수 있다는 생각과 연결됩니다.

궁극적으로, 신의 존재와 기적의 이해는 개인적이고 철학적인 질문으로 사람들은 이러한 질문에 대해 계속 논의하고 있습니다. 이때 서로 다른 관점을 존중하여 이러한 논의에 접근하고 상호 이해와 공감을 촉진하기 위해 개방적인 대화에 참여하는 것이 중요합니다.

종교적 믿음의 기원은 신의 존재에 대한 확신보다 진화 유전자에 의한 것이라는 의견에 대해 어떻게 생각하나요?

"종교적 신념의 기원이 진화 유전자의 영향을 받는다"라는 생각은 학자들이 종교적 믿음을 포함한 특정한 인지적 행동이 어떻게 진화해왔는지를 이해하는 과정에서 나온 말입니다. 즉, 인간 사회에서 종교가 만연한 것을 설명하기 위해 연구자들이 제안한 이론 중 하나입니다.

이 생각의 지지자들은 진화적 이익을 위해 초기 사회의 유전자가 신에 대한 믿음과 같은 종교적인 믿음에 영향을 주었을지도 모른다고 주장합니다. 이 생각의 핵심 사항 중 일부는 다음과 같습니다. 예를 들어 나는 생각하고 느끼고 결정하지만, 궁극적인 주인은 유전자라고 합니다. 그리고 사랑과 같은 감정이나 자기희생 같은 이타적 행동들

도 그 근원은 유전자의 이기적인 생존 전략이라고 합니다. 이 과정에서 인간의 뇌는 어떤 사건에 대한 패턴이나 의도성을 인식하도록 진화했다고 합니다. 그리고 인간이 이해할 수 없는 사건의 패턴이나 의도성을 초자연적 존재로 돌리게 되면서 종교적 믿음이 나타나게 되었다고 합니다.

이처럼 나타난 종교적 믿음은 응집력 있는 사회 집단을 형성하고 유지하는 데 도움이 되었으며, 개인 간의 협력과 조정을 촉진하여 생존과 번식에 이바지했다고 합니다. 또한 종교적 믿음은 자연 현상, 질병이나 죽음과 관련된 실존적 위협과 두려움에 대처하는 메커니즘을 제공하여 스트레스를 줄이고 심리적 안정을 주었다고 합니다.

이 이론을 비판하는 사람들은 진화적 요인이 인간 행동의 특정 측면을 형성하는 데 역할을 했을 수 있지만, 유전자만으로 종교적 신념을 설명할 수는 없다고 주장합니다. 왜냐하면 문화적, 역사적, 사회적 요인들도 종교적 믿음, 의식이나 관습에 큰 영향을 미치기 때문입니다. 따라서 종교적 믿음이 전적으로 진화 유전자의 산물인지에 관한 질문은 계속되는 과학적 탐구와 논쟁의 주제로 남아 있습니다. 그리고 종교적 믿음의 기원과 본질을 이해하는 것은 아마도 진화적, 인지적, 문화적, 사회적 요인들의 조합을 포함한다고 할 수 있습니다.

종교 진화에서 오늘의 신화가 과거의 종교였던 것처럼 오늘의 종교는 내일의 신화라는 표현에 대해 어떻게 생각하나요?

'오늘의 종교는 내일의 신화'라는 표현은 시간이 지남에 따라 변화하는 종교적 믿음의 진화적 성격과 관점을 강조하는 말입니다. 즉, 고대종교에 나오는 오늘날 신화적인 이야기도, 그 이야기들이 고대종교의 중심적인 요소였음을 의미합니다. 이때 주의할 점은, 이 표현이 반드시 종교가 본질적으로 거짓이라거나 가치가 부족하다는 것을 의미하지는 않는다는 것입니다. 그것은 단순히 시간이 지남에 따라 진화하고 변화하는 종교적 믿음의 역사적 패턴을 의미합니다.

고대종교는 사회와 문화가 발전함에 따라 종교적 믿음의 변화를 겪었습니다. 예를 들어 고대종교에서 자연 현상, 우주의 기원이나 사후세계를 설명하던 많은 내용이 지금은 신화적인 이야기에 통합되었습니다. 이에 맞추어 일부 고대종교는 점차 새로운 믿음, 의식이나 도덕적 규칙들을 도입했습니다. 시간이 지남에 따라 이들은 사회적 지지를 얻어 사회적 규범과 가치를 형성하는 데 영향을 미쳐왔습니다.

그러나 사회와 문화가 계속해서 진화함에 따라, 종교적 믿음과 관행은 변하거나 그 중요성이 줄어들 수 있습니다. 따라서 일부 종교적 믿음은 사회적 규범과 가치에 영향을 미치지 못하거나 새로운 철학적 이해나 과학적 이해로 대체될 가능성이 있습니다. 결과적으로 어떤 종교적 믿음은 그들의 신자들을 잃고 신화의 영역으로 밀려나거나, 문자 그대로의 진실보다는 상징적인 이야기로 해석될 수 있습니다.

궁극적으로 문화나 사회적 관점에서 볼 때, 종교적 믿음은 인류 역사를 통해 진화해왔음을 알 수 있습니다. 그리고 종교적 믿음의 진화는 문화적 변화, 사회적 변화나 개인의 경험과 같은 다양한 요소들에 영향을 받는 복잡하고 다면적인 과정입니다. 따라서 특정 종교적 믿음을 신화로 간주하는지 아니면 종교로 간주하는지는 문화적, 사회적, 또는 개인적 관점에 따라 달라질 수 있습니다.

II

더 행복한 삶으로 이끄는가?

6. 절대적인 의존의 느낌

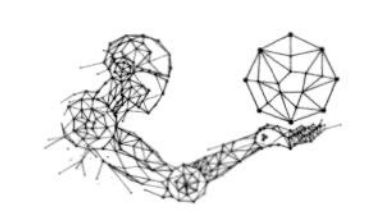

자연 현상을 초자연적 존재로 설명하려는 인간의 노력으로부터 종교적 믿음이 유래하였다는 것은 무엇인가요?

사람들은 날씨, 다산, 수확이나 삶과 죽음의 순환과 같은 자연 현상에 관심이 많았습니다. 자연 현상에 관한 관심은 인간의 자연스러운 본능적 충동이라고 할 수 있습니다. 이 과정에서 사람들은 도깨비, 요정, 신, 여신이나 조상의 영혼과 같은 초자연적 존재가 자연 현상을 통제하거나 영향을 미친다고 믿었습니다. 이같이 초자연적 존재를 통해 자연 현상을 설명하려는 경향은 종교적 믿음을 형성하는 데 큰 역할을 했습니다. 그리고 인류 역사를 통틀어 도깨비, 요정, 신, 여신이나 조상의 영혼은 초자연적 존재의 몇 가지 예에 불과합니다.

이처럼 초기의 종교적 믿음은 자연 현상을 이해하고 인간의 삶에 영향을 미친 힘과 사건에 대한 설명을 제공하였습니다. 이후 종교적 믿음은 세상을 이해하는 것 외에도, 도덕률을 확립하고 삶의 목적과

의미를 제공하는 것으로 진화하게 되었습니다. 그리고 종교적인 믿음의 기초를 형성했던 초자연적 존재에 대한 믿음에 이들과 소통하거나 달래기 위해 고안된 종교의식이 포함되었습니다.

예를 들어 오늘날 특히 어린이들에게 재미있는 옷을 입고 즐겁게 지내는 휴일로 간주하는 핼러윈은 원래는 고대 켈트족의 종교의식이었습니다. 28일씩 13달의 달력을 사용하던 켈트족은 한 해의 마지막이자 새해가 시작하기 전 10월 31일 밤에 영혼과 더 쉽게 소통할 수 있다고 믿었다고 합니다. 따라서 그들은 마녀, 요정이나 집안의 영혼과 같이 악의를 품은 영혼을 막는 종교의식을 위해 의상을 입고 모닥불을 피웠습니다.

궁극적으로 역사를 통해 신과 같은 초자연적 존재로 자연 현상을 설명하려는 인간의 충동은 종교적 믿음의 중요한 측면이었습니다. 그리고 사회와 문화가 발전함에 어떤 문화들은 일신교 또는 다신교 같은 신앙 체계로 전환됐지만, 다른 문화들은 무신론이나 다른 철학적 전통을 받아들였습니다. 이처럼 특정 초자연적인 존재나 신화가 문화에 따라 달랐다는 점에 주목할 필요가 있으며, 이는 종교가 그들의 독특한 문화적, 종교적 맥락을 반영하고 있음을 의미합니다.

자연 현상을 이해하기 위한 인간의 충동으로 종교가 만들어졌다면 종교는 인간 내부에서 비롯되는 절대적 의존감의 결과가 아닌가요?

종교가 인간 내부에서 발생하는 절대적 의존감이라는 주장은 19세기 독일 신학자 슐라이어마허가 제시한 관점을 반영합니다. 그는 종교를 자신보다 더 위대한 것, 즉 신성한 것에 전적으로 의존하는 주관적인 경험이나 느낌이라고 주장했습니다.

슐라이어마허의 관점은 종교가 단지 외부적인 요인에 근거하기보다는 내부적인 인간 경험에 뿌리를 두고 있다는 것을 시사합니다. 이 견해에 따르면, 종교적 감정은 인간의 한계를 넘어서는 무한하거나 초월적인 것에 직면할 때 느끼는 경이로움과 경외심으로부터 나오는 것으로 해석될 수 있습니다. 이와 같은 종교의 주관적 측면에 대한 슐라이어마허의 강조에 많은 철학자와 신학자가 동조하였습니다. 따라서 그의 생각은 많은 종교적 경험의 본질과 영성에서 감정의 역할에 대한 논의에 영향을 주었습니다. 그러나 종교에는 종교적 감정 외에도 공동체, 도덕, 윤리, 삶의 의미와 목적 같은 측면에 초점을 맞춘 대안적인 관점들도 영향을 미칠 수 있다는 것에 주목할 필요가 있습니다.

궁극적으로 종교는 복잡하고 다면적인 현상으로, 종교가 인간 내부에서 발생하는 절대적인 의존감이라는 주장은 종교의 본질을 이해하고 설명하려는 많은 시도 중 하나입니다. 이러한 설명은 종교를 볼 수 있는 특별한 렌즈를 제공하지만, 종교적 신념과 관행의 완전한 다양성과 복잡성을 설명하지 못할 수도 있습니다.

종교가 주는 삶의 의미와 목적에는 어떤 것이 있나요?

한 연구에 따르면 "나는 내가 누구인지를 이해하는 데 도움이 되는 삶의 철학을 가지고 있습니다"라는 진술에 동의하는 것이 우울증 증상이 적고 긍정적인 감정이 더 높은 것과 관련이 있는 것으로 나타났습니다. 따라서 삶의 의미와 목적을 알고 있다고 믿는 사람들은 그렇지 않은 사람들보다 더 큰 행복을 누린다고 볼 수 있습니다. 이처럼 중요한 삶의 의미와 목적에 관한 생각과 믿음의 영역에서 종교는 의미 있는 역할을 제공할 수 있습니다. 다음은 종교가 제공하는 일반적인 삶의 의미와 목적의 몇 가지 예입니다.

종교는 인간에게 초자연적 존재나 영적인 실체와의 연결을 제공합니다. 이러한 연결은 인간에게 삶의 일상적인 경험 이상의 차원에 접근할 기회를 제공합니다. 이를 통하여 개인의 삶을 넘어선 더 큰 의미와 관계를 형성하게 됩니다. 그리고 종교는 기도나 영적인 경험 등을 통해 내면세계를 발견하고 탐구할 기회를 제공합니다. 이는 인간에게 영적인 탐구와 내면적인 성장을 지원합니다. 또한 종교는 인간에게 죽음과 초자연적 존재와의 연결을 제시합니다. 즉, 죽음에 초자연적 존재와의 재결합이나 재탄생과 같은 의미를 부여하면서 죽음에 대한 불확실성과 두려움을 극복할 수 있습니다.

종교는 도덕적인 지침과 윤리적인 가치를 제시하여 인간에게 올바른 행동과 삶의 방향을 제시합니다. 종교적 가르침은 선과 악, 사회적 책임이나 자비와 관용 등에 대한 윤리적인 지침을 제공하게 되는데 이는 개인과 사회의 복지와 번영을 추구하는 데 도움을 줍니다. 그리고 종교는 사회적 연대감을 강조합니다. 종교에서 가르치는 사랑, 인내, 공동체의 중요성 등은 사회적 연대감을 형성하는 데 도움을 줍니다.

이러한 방식으로 종교는 인간에게 삶의 의미와 목적을 제공하며, 개인과 사회의 삶을 풍요롭게 만들고 지속적인 성장과 이해를 도모합니다. 하지만 삶의 의미와 목적은 개인의 해석이나 종교적 관점에 따라 다양할 수 있습니다.

종교적 전통에 따른 삶의 의미와 목적의 차이에는 어떤 것이 있나요?

종교는 역사적으로 삶의 의미나 목적과 관련된 인간의 탐구와 깊이 연관되어 있습니다. 그러나 종교마다 삶의 의미와 목적에 대한 다양한 관점을 제공하며, 이러한 관점은 종교적 전통에 따라 크게 달라질 수 있습니다. 여기서 저는 삶의 의미와 목적에 대한 몇 가지 일반적인 종교적 관점에 대한 개요를 제공할 수 있습니다.

기독교인들은 삶의 목적이 하나님과 이웃을 사랑하고 섬기는 것이라고 합니다. 그들은 예수의 가르침을 따르고, 하나님과의 개인적인 관계를 발전시키고, 천국에서 영원한 생을 준비하는 것에 의미를 두고 있습니다. 그리고 유대교인들은 삶의 목적이 율법 혹은 성경의 모세오경이라고 부르는 토라를 통해 하나님이 그들에게 준 사명을 완수하는 것이라고 합니다. 따라서 그들은 하나님의 계명 이행과 윤리적으로 예의를 갖추어 다른 사람을 대하는 것에 삶의 의미를 두고 있습니다. 이에 반해 이슬람교인들은 삶의 목적이 알라의 뜻에 복종하고 코란의 가르침에 따라 사는 것이라고 믿습니다. 그들은 알라를 숭배하고, 그들의 종교적 의무를 다하고, 천국에서 영원한 구원을 찾는 것에서 의미를 두고 있습니다.

불교인들은 삶의 목적이 윤리적인 행동, 명상, 지혜의 발달을 포함하는 깨달음을 얻는 데 있습니다. 그리고 삼사라로 알려진 탄생 및 죽음과 부활의 순환을 믿지만, 욕망과 애착의 중단을 통해 삼사라로부터 벗어나는 것에 의미를 두고 있습니다. 그리고 시크교인들은 형태 없는 하나의 신을 믿고 신의 뜻에 따라 살려고 합니다. 이들에게 삶의 목적은 명상과 사심 없는 봉사, 덕 있는 삶을 통해 신과 하나가 되는 합일을 이루는 것입니다. 이에 반해 힌두교인들은 광범위한 믿음을 포함하지만, 일반적인 개념은 환생의 개념입니다. 힌두교인들은 탄생, 죽음, 그리고 부활의 순환을 믿습니다. 그들에게 삶의 목적은 자신의 의무를 다하고 자아의 참된 본성을 깨달음으로써 영적 깨달음을 얻어 이 순환에서 벗어나는 것입니다.

이처럼 각 종교는 종교적 전통에 따라 다를 수 있는 복잡한 교리와 철학적 전통을 가지고 있습니다. 게다가 전 세계적으로 수많은 종교적 전통이 있으며, 각각의 종교는 이 질문에 대한 그들만의 독특한 관점을 가지고 있습니다. 따라서 이러한 요약은 삶의 목적과 의미에 대한 종교적 관점의 간략한 정보라는 점에 주목하는 것이 중요합니다.

7. 확률적 우연과 의미와 목적

물질의 존재는 양자장 이론에 의하면 확률로 표현됩니다. 물질인 인간의 존재도 종교에서 말하는 의미나 목적보다 우연이 아닐까요?

양자장 이론은 양자 역학과 특수상대성 이론을 조화시킨 이론으로, 입자의 행동과 그들의 상호 작용을 확률의 관점에서 설명하는 과학적 이론입니다. 여기서 확률은 양자 역학의 기본 원리로, 특정 사건이나 결과를 확실하게 예측할 수 없다는 것을 의미합니다. 그리고 확률적 관점에서 설명되는 이 같은 예측은 양자 역학의 기본 수학적 구조와 원리 안에서만 발생한다는 제한이 있습니다.

이는 양자장 이론의 확률적 특성이 양자 역학의 기본 수학적 구조와 원리 밖에 있는 인간이나 다른 형태의 물질 존재에 적용될 수 없다는 것을 의미합니다. 따라서 양자장 이론의 확률적 특성은 인간이나 다른 형태의 물질 존재가 무작위적이거나 임의적이라는 의미로서 우연을 의미하지 않는다는 점에 유의해야 합니다. 그리고 인간의 존재가 물리학, 화학, 생물학과 지구상의 생명체를 형성한 진화 과정을 포함한 수많은 요소의 복잡한 결과인 것에도 주목할 필요가 있습니다. 따라서 양자장 이론이 미시적 수준에서 물질의 행동을 이해하는 데 근본적인 역할을 하지만, 그것은 전체적인 그림의 한 측면입니다. 그리고 인간 존재의 목적과 의미에 관한 질문은 양자장 이론과 같은 과학 이론의 범위를 넘어 철학적이며 종교적인 해석을 포함합니다.

궁극적으로 다양한 철학적, 종교적 관점은 인간 존재의 목적과 의미에 대해 다양한 해석을 하고 있습니다. 따라서 이에 관한 질문은 철학이나 종교의 영역에 들어간다고 볼 수 있습니다. 그리고 현재 양자장 이론의 확률적 특성은 인간이나 물질의 존재가 일반적으로 우연을 의미하지 않습니다. 그러나 과학이 발달한 미래에는 이에 대한 답을 과학에서 얻을 수도 있습니다.

물질 존재가 확률적 우연이 아니라면 정자와 난자가 만나서 살아 있는 물질인 유기체가 되는 과정이 목적과 의미에 의한다는 건가요?

난자와 정자가 결합하여 살아 있는 유기체를 형성하는 수정 과정은 실제로 확률적 우연의 과정입니다. 성공적인 수정의 가능성은 시기, 생식체의 건강, 생존 가능성이나 다른 생물학적 조건을 포함한 다

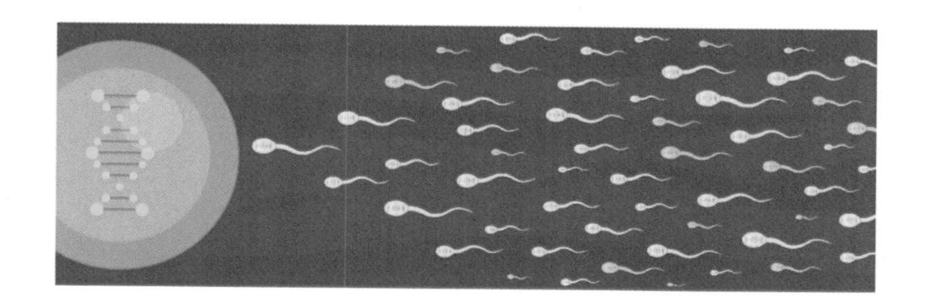

양한 요인에 달려 있습니다.

과학적 관점에서 수정 과정은 확률로 설명될 수 있습니다. 특정 정자가 성공적으로 난자에 수정할 가능성은 경쟁 정자의 수와 질, 생식 환경의 조건이나 우연한 사건과 같은 많은 요인에 의해 영향을 받습니다. 그러나 인간 존재의 중요성은 수정의 확률적 우연에 의해 감소하지 않습니다. 그리고 수정의 확률적 우연이 인간 존재의 목적과 의미에 관한 질문을 다루지 않는다는 점에 주목하는 것이 중요합니다. 이것들은 생식과 관련된 생물학적 과정을 넘어서는 철학적이고 실존적인 질문들입니다.

궁극적으로 인간 존재의 목적과 의미는 개인적 경험, 관계, 목적이나 성취의 추구 등 인간 존재의 다양한 측면을 포괄하는 복잡하고 다면적인 주제입니다. 그것들은 윤리, 도덕, 영성, 개인적 성장의 중요성과 행복에 대한 탐구를 포함합니다. 따라서 확률적 우연인 수정 과정이 새로운 삶의 물리적 시작에 기여할 수도 있지만, 인간 존재의 목적과 의미에 관한 광범위한 질문에 대해서는 확률적 생물학적 사건을 넘어 더 깊은 성찰과 탐구가 있어야 합니다. 그리고 그들은 문화적, 철학적 및 종교적 관점에 영향을 받은 개인적이고 집단적인 해석을 포함한다고 볼 수 있습니다.

석가는 현실 세계는 우연히 생겨난 세계라고 하였습니다. 이는 인간 존재의 의미와 목적도 과학에서 말하는 확률적 우연을 의미하는 것이 아닐까요?

당신이 언급한 관점은 불교 철학에 대한 특정한 해석, 특히 종속적 기원의 개념 및 창조신의 거부와 일치합니다. 불교의 가르침에 따르면, 세상과 인간의 존재는 의도적인 창조나 신에 의한 결과가 아니라 원인과 조건의 복잡한 그물에서 발생합니다. 그리고 과학은 경험적 관찰, 실험이나 증거에 기초한 이론의 공식화를 통해 자연계를 설명하려고 합니다. 이러한 과학적 관점에서 존재의 의미와 목적보다 수십억 년에 걸쳐 일련의 확률적 사건을 통해 지구상의 생명체가 출현하는 자연적 과정과 진화의 결과로 이해될 수 있습니다.

그러나 인간 존재의 의미와 목적에 관한 질문은 철학적이고 실존적입니다. 이 문제에 대해서 종교와 개인마다 시각이 다를 수 있습니다. 예를 들어 불교 철학에 따르면 "인간은 본능적으로 쾌락을 추구하는데 쾌락은 고통과 짝을 이루기 때문에 쾌락을 추구하는 한 인간은 고통을 느낄 수밖에 없다"라고 합니다. 따라서 불교 철학에서 본 존재의 의미와 목적은 고통으로부터의 해방을 의미합니다. 명상, 마음 챙김이나 지혜와 동정심의 함양과 같은 실천을 통해 여기에 이를 수 있다고 합니다.

궁극적으로 어떤 이들은 인간 존재의 의미와 목적을 종교적 또는 영적인 틀을 통해 찾을 수 있지만, 다른 이들은 개인적인 가치, 관계, 사회에 대한 기여, 또는 지식과 이해의 추구를 통해 찾을 수 있습니다. 따라서 인간의 존재를 확률적인 우연의 일치로 보는지, 아니면 내재적인 목적과 의미가 있다고 보는지는 개인적인 믿음이나 철학적인 관점과 같이 세상을 해석하는 틀에 달려 있습니다. 그리고 이 문제는 역사를 통틀어 개인이나 학자들에 의해 논의되어온 주관적이고 복잡한 질문입니다.

인간 존재의 의미와 목적이 인간이 세상을 해석하는 틀에 따라 달라지는 인간의 생각이라면 인간은 이를 위해 신이 필요하지 않았을까요?

인간이 삶의 목적과 의미를 찾기 위해 인간에게 신의 존재가 필요한지에 관한 질문은 철학적이고 신학적인 것으로, 이 문제에 대한 의견은 매우 다양합니다. 이때 다음과 같은 몇 가지 핵심 사항을 고려해야 합니다.

신의 존재에 대한 증거를 종교적 서적이나 개인적 경험 또는 철학적 논증에서 찾을 수 있다고 주장하는 사람도 있고, 신에 대한 믿음을 뒷받침할 증거가 부족하다고 주장하는 사람도 있습니다. 따라서 신의 존재 자체에 대한 논쟁은 현재 진행 중인 논쟁의 주제입니다.

신의 존재를 믿는 사람들은 신의 존재가 인간 존재의 의미와 목적에 대한 기초를 제공한다고 믿습니다. 이들은 신의 존재에 대한 믿음이 인간 존재의 의미와 목적을 제공할 수 있다고 주장합니다. 이 관점은 신자들이 신의 뜻을 수행하거나 종교적인 가르침을 따르는 것에서 인간 존재의 의미와 목적, 즉 삶의 의미와 목적을 찾는 종교적인 세계관과 연관됩니다.

그러나 사르트르나 카뮈와 같은 실존주의 철학자들은 삶의 의미와 목적은 본질적인 것이 아니라 개인의 선택과 책임의 산물이라고 생각했습니다. 그들은 신의 부재가 개인의 자유와 진정한 삶을 통해 삶의 의미를 창조할 가능성을 배제하지 않는다고 했습니다. 따라서 세속적이고 무신론적인 세계관을 가지고 있는 사람도 개인적으로는 신의 존재를 거부하지만, 다양한 방식으로 삶의 의미와 목적을 찾고 있습니다. 예를 들어 그들은 인간관계, 개인적 성취에서 삶의 의미와 목적을 찾을 수 있습니다.

궁극적으로 신의 존재와 삶의 의미 및 목적의 관계는 복잡하고 깊은 철학적 문제입니다. 어떤 사람들은 신에 대한 믿음을 통해 삶의 목적과 의미를 찾지만, 다른 사람들은 세속적 혹은 무신론적 관점에서 삶의 목적과 의미를 찾기도 합니다. 따라서 모든 개인이 삶의 의미와 목적을 찾기 위해 신의 개념이 필요한 것은 아니라고 할 수 있습니다. 그리고 존재의 의미와 목적은 개인적, 문화적이나 종교적 요인에 의해 영향을 받는 인간 존재의 근본적인 측면이라고 볼 수 있습니다.

8. 정서적 안정과 위로

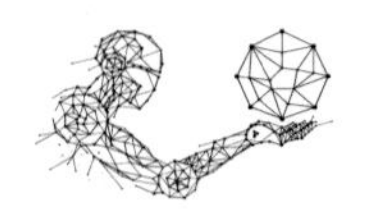

종교가 주는 정서적 안정이나 편안함에는 어떤 것이 있나요?

종교는 다양한 방법으로 신자들에게 정서적 안정과 편안함을 제공할 수 있습니다. 그리고 종교적 신념과 실천이 제공할 수 있는 정서적 안정이나 편안함에는 몇 가지 측면이 있습니다.

종교는 삶의 의미, 우주의 기원이나 인간 존재의 본질과 같은 실존적 질문에 대한 답을 제공하고 있는데 이는 정서적 안정으로 이어질 수 있습니다. 예를 들어 개인이 신을 믿는 것은 삶의 의미와 목적을 발견하는 데 도움을 주어 정서적 안정을 얻는 데 효과적일 수 있습니다. 그리고 많은 종교적 전통들은 희망의 개념을 강조합니다. 특히 고난이나 역경의 시기에 신자들은 그들의 고통이 더 큰 의미와 목적이 있다거나 신이 도움과 지도를 제공할 수 있다는 믿음에서 위안을 받기도 합니다. 이와 같은 희망과 낙관은 감정적인 회복력을 제공할 수 있습니다.

또한 종교는 연결과 사회적 지원의 역할을 할 수 있습니다. 예배, 종교 모임이나 공동체 행사는 신자들이 같은 생각을 하는 사람들과 상호 작용할 수 있게 하고 어려운 시기에는 사회적 지원을 제공합니다. 이외에도 종교의식 참여는 신자들에게 심리적 안정과 윤리적인 효과를 줄 수 있습니다. 즉, 기도나 명상과 같은 종교적 의식에 참여하는 것이 마음의 평온을 제공할 수 있습니다. 그리고 종교적인 가르침은 신자들이 그들의 삶을 탐색할 수 있는 윤리적인 틀을 제공합니다. 또한 종교적 원칙들을 따르는 것은 개인적으로 성실함, 도덕적인 지도나 옳은 일을 한다는 느낌을 제공하고 이를 통해 심리적 안정에 기여할 수 있습니다.

궁극적으로 종교가 제공하는 정서적 안정, 감정적인 회복력, 사회적 지원, 심리적 안정이나 윤리적 효과의 정도는 개인과 공동체마다 다를 수 있다는 것에 주목하는 것이 중요합니다. 그리고 개인에 따라 종교에 대한 해석과 경험 또한 크게 다를 수 있고, 종교적 전통에 따라 다른 측면들을 강조할 수도 있습니다.

경제적으로 어려운 사람들은 종교로부터 어떤 위안을 받을 수 있나요?

경제적 어려움에 처해 있을 때 사람들이 힘과 위안을 얻기 위해 종교에 의지하게 되는 경우가 많이 있습니다. 이때 종교는 이들에게 다양한 방식으로 위안을 줄 수 있습니다.

종교는 현재의 생이든 내세의 생이든 간에 더 나은 미래의 약속을 강조하고 있습니다. 예를 들어 종교와 가난한 가족의 소득을 연구한 예일대 최에 따르면 "하나님이 나를 지켜보고 계시고 나를 위한 계획을 갖고 계시기 때문에 내가 이 일을 이겨낼 수 있다"라고 생각하는 참가자는 더 큰 회복의 기대를 하고 어려운 시기를 견뎌낸다고 합니다. 따라서 종교적 미래의 약속은 고난을 극복할 수 있는 더 많은 도구를 제공할 수 있습니다. 또한 기도, 명상이나 다른 영적 수행에 참여하는 것은 경제적 어려움과 관련된 스트레스와 불안을 줄이면서 내적인 평화와 평온함을 제공할 수 있습니다.

종교는 경제적으로 어려운 사람들에게 경제적인 스트레스에 대처할 수 있도록 많은 돌봄과 상담 서비스 제공을 통해서 정서적인 지원이나 조언을 제공할 수 있습니다. 예를 들어 경제적으로 어려운 사람들이 그들의 감정을 동료 신도들과 공유하고 이를 통해서 정서적 위안을 받을 수 있습니다. 그리고 많은 종교 단체에는 도움이 필요한 사람들을 돕기 위한 자선 프로그램이 있습니다. 이를 통해서 경제적으로 어려운 사람들은 종교 공동체로부터 의식주나 재정적인 도움을 받을 수 있습니다. 예를 들어 일부 종교 공동체는 도움이 필요한 사람들에게 푸드 뱅크, 알뜰 상점이나 직업 소개 같은 지원을 하고 있습니다.

그러나 개인이 종교로부터 받는 위로와 지원은 그들의 구체적인 종교적 신념, 신앙의 가르침과 그가 속한 종교 공동체의 성격에 따라 매우 다양할 수 있습니다. 예를 들어 종교에 경제 논리가 뿌리를 내리면서, 경제적으로 넉넉한 사람만이 종교 내 주요 직분을 맡을 수 있다고 합니다. 한마디로 경제적으로 어려운 사람들은 설 자리를 잃어버리고 있어, 종교가 부자들을 위한 종교로 비치는 측면도 있습니다. 그리고 모든 개인이 종교에서 위안을 찾는 것은 아니며, 개인마다 경제적 어려움에 대처하기 위한 다른 대처 메커니즘을 가지고 있다고 볼 수도 있습니다.

경제적으로 안정된 사람들은 종교로부터 어떤 위안을 받을 수 있나요?

경제적으로 안정된 사람들도 삶의 의미와 목적을 추구하거나 다른 도전에 직면할 때가 있습니다. 이때 종교는 이들에게 여러 가지 방법으로 위로를 제공할 수 있습니다.

종교는 신과 연결이나 영적 성숙을 제공합니다. 이를 통해 경제적으로 안정된 사람들도 삶의 의미와 목적과는 별개로 신과의 관계에 대해 더 깊은 이해를 추구할 수 있습니다. 그리고 종교적인 가르침은 도덕적이고 윤리적인 틀을 제공합니다. 이는 경제적으로 안정된 사람들이 어떻게 도덕적이고 윤리적인 삶을 살 것인지에 대한 지침으로 작용할 수 있습니다. 또한 종교 공동체는 소속감과 사회관계망을 제공할 수 있습니다. 이를 통해 경제적으로 안정된 사람들은 동료 신도들로부터 위안을 찾고 자선 활동과 공동체 활동에 참여할 기회를 찾을 수 있습니다. 이러한 활동들은 이들에게 삶의 의미나 목적과 성취감을 제공할 뿐 아니라 상대방의 삶에도 긍정적인 영향을 줄 수 있습니다.

종교는 내면의 평화, 자기 성찰이나 개인적인 성장을 촉진할 수 있는 명상, 기도나 마음 챙김과 같은 수행을 강조합니다. 이러한 수행은 경제적으로 안정된 사람들에게 우울, 불안, 분노 등의 조절에 도움을 줄 수 있습니다. 그리고 종교는 결혼, 출생, 장례식과 같은 인생의 중요한 순간에 축하와 위로를 제공하는 데 중요한 역할을 합니다. 심지어 기쁨이나 슬픔의 시기에 종교적인 의식은 감사와 위안을 제공할 수 있습니다.

궁극적으로 사람들은 다양한 방법으로 종교에 참여할 수 있으며 삶에서 종교의 역할은 시간이 지남에 따라 진화할 수 있습니다. 그리고 경제적으로 안정된 사람들이 종교로부터 얻을 수 있는 위안은 개인과 종교 전통에 따라 매우 다양할 수 있다는 것을 인식하는 것이 중요합니다. 예를 들어 일부 개인들은 종교적 믿음과 별개로 세속적인 철학, 윤리나 기타 영감의 원천에서 편안함과 의미를 찾을 수 있습니다.

종교적 믿음의 수준은 교육 수준, 나이, 성별에 따라 어떠한 차이가 있나요?

종교적 믿음의 수준은 교육 수준, 나이, 성별에 따라 다를 수 있다고 합니다. 이는 교육 접근성, 다양한 세계관에 대한 노출이나 세속주의 증가 등의 요인에 기인할 수 있습니다. 예를 들어 일부 사회에서는 교육을 많이 받을수록 종교 활동에 덜 참여한다고 합니다. 그리고 이러한 차이는 특정한 종교 전통, 문화적 맥락이나 세계의 지역에 따라 매우 다양합니다. 다음은 이러한 요소들이 종교적 믿음에 어떻게 영향을 미칠 수 있는지에 대한 일반적인 개요입니다.

종교는 합리적 설명이 없는 초자연적 현상과 심리적 현상을 설명하기 위해 고안되었다는 이론이 있습니다. 이 견해에 따르면, 교육을 많이 받은 사람일수록 초자연적 현상을 설명하기 위해 과학에 의존할 가능성이 더 커진다고 합니다. 따라서 교육 수준이 높을수록 종교적 믿음 수준이 낮다고 합니다. 그러나 교육을 받은 사람들은 사회적 네트워크와 기타 형태의 사회적 자본을 높이 평가하는 경향이 있어 교육이 증가하면 종교 활동에 대한 참여도 촉진될 것이라는 이론도 있습니다. 이런 관점에서 보면 사람들이 더 나은 교육을 받았다고 해서 종교적 믿음 수준이 낮다고 결론 내릴 수는 없습니다.

세계의 많은 지역에서 젊은 사람들은 정보에 대한 접근, 세속주의나 변화하는 사회 규범에 더 영향을 받을 수 있습니다. 따라서 이들은 종교적 믿음 수준이 낮아 비종교적 경향이 두드러지게 나타나는 것을 알 수 있습니다. 이에 반해 노인들은 앞서 언급했듯이 노화와 사망에 대한 불안으로 인해 종교적 믿음 수준이 증가할 수 있습니다.

그리고 대부분 사회에서 여성은 남성보다 종교 활동에 더 자주 참여하는 경향이 있습니다.

예를 들어 미국 사회조사 데이터에 따르면 여성이 성경을 읽고 개인적으로 기도하는 비율이 남성보다 높다고 합니다. 이러한 성별 격차에 대해 남성과 여성의 위험 선호도 차이라고 하는데 이는 아직 활발한 논쟁의 대상으로 남아 있습니다. 이처럼 어떤 맥락에서는 남성이 여성에 비해 종교적 믿음 수준이 낮을 수도 있지만, 종교적 행위는 특정한 종교적 전통과 문화적 요인에 따라 매우 다양할 수도 있습니다.

궁극적으로 문화적, 지역적, 개인적인 변화는 종교적 믿음과 실천의 다른 패턴을 초래할 수 있습니다. 또한 이러한 패턴은 세계화, 세속화나 사회적 가치의 변화와 같은 요인들로 인해 시간이 지남에 따라 변할 수 있습니다. 그리고 종교적 믿음에는 신에 대한 믿음, 종교적 실천이나 종교적 정체성 등 다양한 차원이 존재하는데 이러한 차원은 교육, 연령, 성별에 따라 다르게 영향을 받을 수 있습니다. 이는 종교적 믿음의 관계를 더욱 복잡하게 만들 수 있습니다. 따라서 이러한 일반적인 경향이 모든 지역과 모든 종교 집단에서 성립하지 않을 수 있다는 점에 유의할 필요가 있습니다.

사람들은 나이가 들면서 왜 종교에 의지하게 되나요?

사람들은 나이가 들면서 다양한 이유로 종교에 눈을 돌립니다. 이때 나이가 들면서 종교에 관한 관심 증가에 이바지할 수 있는 몇 가지 공통적인 요인들이 있습니다.

은퇴나 줄어든 업무 책임은 개인들에게 더 많은 자유 시간을 제공할 수 있어, 종교의식에 참석하거나 종교적 문서를 공부하거나 사색적 사고 같은 활동에 참여할 가능성이 증가할 수 있습니다. 그리고 노화는 존재의 본질이나 사후세계 같은 삶의 궁극적인 의미에 대한 더 깊은 생각으로 이어질 수 있습니다. 이때 종교는 이러한 질문들을 다루고 잠재적인 답을 제공할 수 있습니다. 또한 사람들이 나이가 들고 죽음의 현실에 직면하게 되면, 그들은 삶의 의미와 목적을 되새깁니다. 이때 종교는 이러한 실존적 질문들을 이해하는 틀을 제공하고 위안이나 희망을 제공할 수 있습니다. 이 과정에서 초자연적 존재에 대한 믿음은 심리적 편안함을 제공할 수 있습니다.

나이가 들면서 만성적인 질병이나 사랑하는 사람을 잃는 것을 경험할 수 있습니다. 이러한 경험은 그들이 종교적 믿음에서 위안과 대처 방법을 찾도록 이끌 수 있으며 이는 치유, 수용이나 초월의 감각을 제공할 수 있습니다. 예를 들어 사람들이 나이가 들면 친구와 가족의 상실이 더 흔해집니다. 이때 종교는 어려운 경험을 헤쳐나갈 수 있도록 돕는 의식이나 믿음을 제공할 수 있습니다. 이를 통해 슬픔과 상실에 대한 이해와 대처를 위한 강한 사회적 지지와 소속감을 제공합니다.

궁극적으로 사람들이 나이가 들고 은퇴와 같은 삶의 변화에 직면하면서, 그들은 사회적 관계를 형성하고 고립감과 싸우기 위해 종교적인 공동체에 참가할 가능성이 증가할 수 있습니다. 그러나 모든 사람이 나이가 들수록 종교적인 것은 아니라는 것에 주목할 필요가 있는데, 이는 개인의 신념과 경험은 매우 다양할 수 있기 때문입니다.

종교가 가부장제 사회에서 남성이 여성 억압을 정당화하기 위해 진화했다는 주장에 대해 어떻게 생각하나요?

역사상 가장 영향력 있는 종교 지도자들, 예를 들어 아브라함, 모세, 예수, 무함마드나 붓다 등은 남성입니다. 그리고 가톨릭과 정통 유대교를 포함한 많은 종교 단체는 남성에게만 성직자가 되는 것을 허용합니다. 이에 반해 일부 종교 단체는 최근에 이러한 제한을 해제했습니다. 이와 같은 종교 지도자의 남성 선호 때문에 일부 학자들과 종교 비평가들은 종교가 가부장적 사회에서 남성의 여성 억압을 정당화하기 위해 진화했다고 주장하고 있습니다. 이때 주의할 점은 이 주장이 보편적으로 하나의 관점으로 받아들여지는 것은 아니라는 것입니다. 그리고 종교의 사회적 역할에 대해서는 다양한 반론과 대안적 해석이 존재하는데, 여기에 몇 가지 고려할 점이 있습니다.

주요 종교가 기원한 고대 사회는 남성 선호의 권력 구조를 가진 가부장적 사회였습니다. 역사적 맥락에서 종교는 이러한 기존의 권력 역학으로부터 영향을 받았을 수 있습니다. 그리고 비평가들은 여성의 역할과 권리를 제한하기 위해 사용되었던 종교적인 글의 구절을 지적하면서, 종교가 성 불평등과 차별을 정당화하기 위한 도구로 사용되었다고 주장합니다. 그러나 이들의 주장이 종교적인 글을 해석하는 과정에서 오역으로 다르게 해석될 수 있다는 주장도 있습니다.

이처럼 종교적 믿음과 가르침에는 다면적이고 다양한 해석이 열려 있습니다. 종교적 전통의 일부 요소들이 가부장제를 정당화하기 위해 사용될 수 있지만, 다른 요소들은 사랑, 연민, 정의나 평등과 같은 가치들을 강조할 수 있습니다. 또한 전 세계적으로 매우 다양한 종교가 있는데 모든 종교가 여성에 대한 억압을 조장하거나 묵인하는 것은 아니라는 것을 인식하는 것도 필요합니다.

종교는 정적인 것이 아니라 시간이 지남에 따라 진화합니다. 많은 종교 내에서 진보적인 해석과 더 큰 양성평등을 옹호하는 운동이 있습니다. 그리고 일부 종교는 강력한 여성 리더십을 부여하는 오랜 역사가 있습니다. 따라서 종교가 여성의 권리 증진을 포함한 긍정적인 사회 변화에 대한 영감의 원천이 될 수 있다고 주장합니다.

궁극적으로 종교의 일부 측면은 일부 사회에서 가부장적 규범과 관습을 정당화하는 데 사용되었을 수 있습니다. 예를 들어 요한계시록에 나오는 구원된 사람의 수를 여자에게 더럽혀지지 않은 이라고 한정하고 있습니다. 이는 여자는 포함되지 않는다는 의미로 해석됩니다. 그러나 종교가 오로지 가부장적 사회를 위해 진화했다고 주장하는 것은 정확하지 않습니다. 왜냐하면, 종교와 성별 역학의 관계는 복잡하며 다양한 문화와 역사적 맥락에 따라 달라 학문적, 사회적으로도 지속적인 논의의 대상이 되고 있기 때문입니다. 따라서 종교의 발전에 영향을 미친 다양한 요인을 고려하여 이 주제에 접근하는 것이 중요합니다.

종교는 사회 변화를 방지해 계급 구조를 유지하는 데 도움을 주고 있다는 마르크스의 관점에 대해서 어떻게 생각하나요?

인공지능 언어 모델로서, 저는 개인적인 의견이나 신념을 가지고 있지 않습니다. 그러나 종교에 대한 마르크스의 관점과 계급 구조와의 관계에 대한 분석을 제공할 수 있습니다. 마르크스는 종교를 기존의 계급 구조를 유지하고 사회적 불평등을 영속시키는 역할을 하는 사회제도로 보았습니다. 그에게 종교는 노동자 계급에 대한 지배를 정당화하기 위해 지배 계급에 의해 사용된 이념적 도구였습니다. 특히 마르크스는 종교, 정부, 교육과 같은 사회제도가 불평등한 사회구조를 유지하는 데 도움을 준다고 보았습니다.

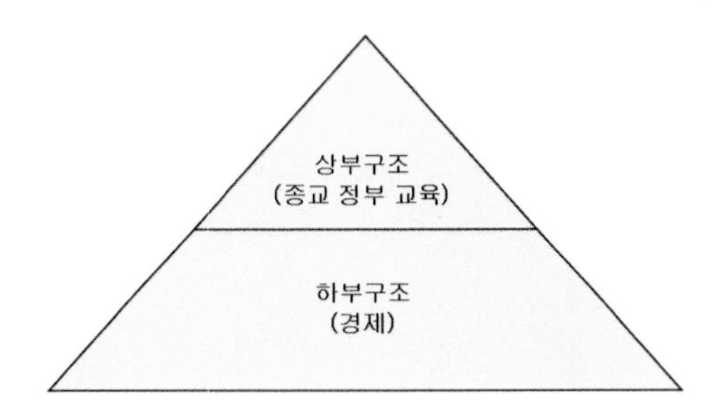

이러한 이유로 마르크스는 종교를 "국민의 마약"이라고 언급했고, 종교가 노동자 계급의 실제 삶으로부터 도피의 한 형태로 작용했다는 의견을 제시했습니다. 그리고 그는 종교가 사후세계에서 보상과 정의를 약속하여 희망과 위안을 제공한다고 주장했습니다. 이는 종교가 사후세계를 통해 억압받는 사람들이 기존의 사회질서에 도전하는 것을 저지하는 역할을 하고 있다는, 종교에 대한 그의 시각을 반영하고 있습니다.

따라서 마르크스의 시각에서 보면 종교는 도덕의 형이상학적 개념과 추상적 개념에 집중함으로써 사회의 물질적 조건으로부터 다른 곳으로 주의를 돌리고 계급의식과 혁명적 잠재력의 발전을 방해해왔다 고 볼 수 있습니다. 그러나 마르크스의 종교에 대한 분석은 그가 저술한 역사적, 사회적 맥락과 같이 제한된 틀 안에서 이해되어야 한다는 점이 중요합니다.

궁극적으로 마르크스의 비판은 주로 19세기 자본주의 사회에서 종교의 역할을 목표로 삼았고, 그는 종교를 억압의 도구로 보았습니다. 그러나 종교의 역할과 중요성에 대한 시각은 다양합니다. 따라서 모든 개인이나 학자가 종교에 대한 마르크스의 견해에 동의하는 것은 아니라는 점을 언급할 필요가 있습니다. 그리고 종교, 사회, 사회 변화에 대한 논의는 여러 관점과 해석을 고려하여 열린 마음으로 접근하는 것이 항상 중요합니다.

9. 신 없는 도덕

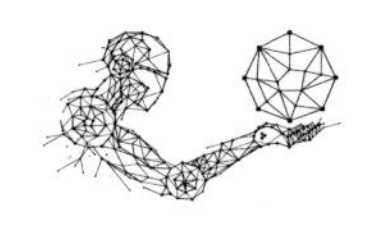

종교가 도덕적, 윤리적 원칙을 가진 종교로 진화한 시기와 그 이유는 무엇인가요?

고대 메소포타미아 원시종교에서도 이미 신화적인 자연 현상에 대한 설명으로부터 도덕적, 윤리적 원칙을 가진 종교로 발전하는 변화를 보여주고 있습니다. 예를 들어 4,000년에 걸친 고대 메소포타미아의 종교적 믿음은 기근으로부터의 구원에서 공격으로부터의 구원으로, 그리고 최종적으로는 개인적인 죄의식으로부터의 구원으로 변화했습니다. 이러한 종교적 믿음의 변화는 다양한 요인에 의해 영향을 받는 복잡한 과정으로, 이에 영향을 주는 몇 가지 주요 이유는 다음과 같습니다.

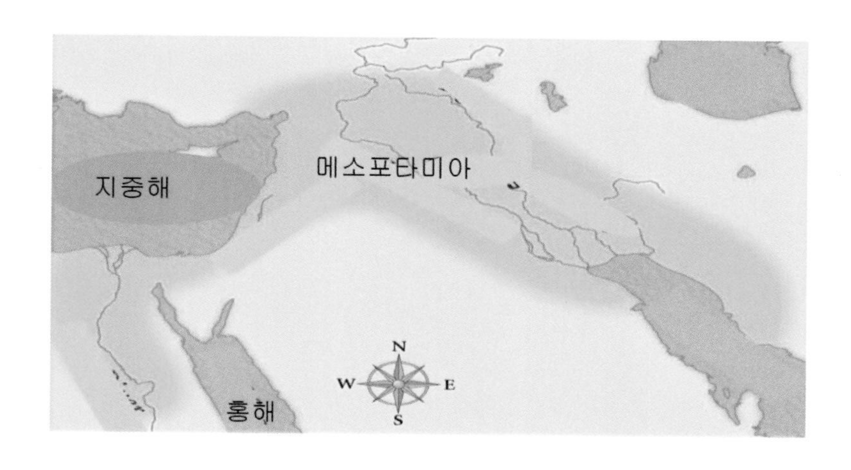

원시종교는 인간이 계절의 변화, 태양, 달 등과 같은 자연 현상을 이해하려는 탐구 과정에서 나타났습니다. 이러한 원시종교는 시간이 지나면서 사회가 복잡해지자 자연계에 대한 설명뿐 아니라 존재의 본질이나 도덕성과 관련된 실존적 질문을 추구하기 시작했습니다. 이는 세상과 그 안에서 존재의 의미를 이해하려는, 인간의 타고난 욕망이 만든 결과로 볼 수 있습니다.

이 과정에서 새로운 통찰력, 가르침이나 윤리적인 기준을 제공하는 종교적인 인물이나 예언자 같은 영적 지도자가 등장했습니다. 이들이 종교적 틀 안에서 도덕적이고 윤리적인 원칙을 도입하거나 강조함에 따라 종교적인 믿음의 변화가 일어났습니다. 또한 시간이 지남에 따라 종교학자, 신학자나 신자가 성서의 해석과 재해석에 참여하게 되었습니다. 이러한 성서의 해석과 재해석으로 종교적 신념의 변화가 가능하게 되었습니다. 이를 통해서 도덕적, 윤리적 원칙의 발전이 종교적 틀 안에서 이루어질 수 있었습니다.

또한 인간 사회가 진화함에 따라 복잡한 사회 구조, 제도 및 계층 구조가 나타나게 되었습니다. 이러한 복잡성 속에서 사회적 결속이나 질서와 협력을 촉진하기 위해 도덕적, 윤리적 원칙이 필요하게 되었습니다. 이때 종교는 개인이나 공동체에 이러한 원칙을 제공하는 데 결정적인 역할을 했습니다. 그리고 다른 문화 간의 접촉에 따라 나타난 문화적 교류는 아이디어, 믿음이나 관행의 통합으로 이어졌습니다. 이와 같은 다른 문화와의 상호 작용으로 종교적인 믿음에 새로운 도덕적, 윤리적 원칙이 더해지게 되었습니다.

궁극적으로 종교는 문화적 변화와 사회적 요구에 적응해왔습니다. 자연계에 대한 원시적인 설명에서 도덕적, 윤리적 원칙을 가진 현대종교로의 변화는 지적, 심리적, 사회적, 문화적 요인의 조합에 의해 영향을 받았습니다. 즉, 사회가 발전하고 새로운 도전에 직면함에 따라 종교는 이를 해결하기 위해 진화해왔습니다. 이 과정에서 종교는 새로운 도덕적, 윤리적 원칙을 통합하게 되는데 이는 변화하는 사회적 요구와 윤리적 행동에 대한 지침을 제공하려는 종교적 욕구로 볼 수 있습니다. 이처럼 종교의 변화는 다른 문화, 역사적 시기나 개인의 경험에 따라 달라지는 점진적이고 복잡한 과정이라는 점에 주목할 필요가 있습니다.

종교에서는 도덕적이고 윤리적 삶을 사는 것을 수행이라고 하는데, 도덕적이고 윤리적 원칙을 강조하는 공리주의도 종교가 될 수 있나요?

다수의 이익을 반영하기 위해 사람들이 행동하고 결정을 내려야 한다는 공리주의는 일반적으로 전통적인 의미의 종교로 간주하지 않습니다. 공리주의는 도덕적이고 윤리적인 원칙을 강조하지만, 이러한 철학적 관점과 종교적인 믿음 체계 사이에는 상당한 차이가 있습니다. 이유는 다음과 같습니다.

종교는 신, 사후세계나 신의 계시와 같은 초자연적인 믿음을 포함하지만, 공리주의는 일반적으로 초자연적 설명이나 실체에 의존하지 않는 세속적 철학입니다. 그리고 종교는 일반적으로 초자연적이거나 신성한 것을 중심으로 하는 의식과 예배의 형태를 포함하지만, 공리주의에는 정해진 의식이나 예배 관행이 없습니다.

종교는 조직된 공동체, 예배 장소, 성직자나 특정 종교기관을 가지고 있지만, 공리주의는 그들의 원칙을 촉진하는 공동체와 조직을 가질 수는 있으나 전통적인 종교와 관련된 제도화된 구조와 계층 구조가 부족합니다. 그리고 종교는 삶의 목적이나 의미와 같이 인간 존재의 본질과 관련된 실존적인 질문들을 다루지만, 공리주의는 주로 인간의 행복과 합리적인 사고의 맥락 안에서 윤리적이고 도덕적인 생각에 중점을 둡니다.

따라서 공리주의는 한 사람의 세계관을 알리고 도덕적 틀을 제공할 수 있지만, 일반적으로 종교보다는 철학적 관점이나 윤리적 틀로 간주합니다. 하지만 종교, 철학이나 윤리 체계 사이의 경계가 때때로 모호해질 수 있고, 개인들은 그들의 개인적인 믿음 체계에 공리주의의 요소들을 통합할 수도 있다는 것에 주목할 필요가 있습니다.

종교 문헌은 역사적 사실보다 신화적인 내용이 많습니다. 그렇다면 종교에서 말하는 도덕적이고 윤리적인 원칙도 신의 생각보다는 인간의 생각이 아닐까요?

성경을 포함한 종교 문헌에서 신화적 요소와 역사적 요소의 구별은 학술적 탐구와 해석의 대상입니다. 종교 문헌의 일부는 신자들과 학자들에 의해 역사적인 사건들을 전달하는 것으로 이해됩니다. 반면에 다른 부분은 도덕이나 올바른 인간관계와 같은 윤리에 대한 가르침을 전달하는, 신화적이거나 상징적인 요소들을 포함하는 것으로 보입니다.

따라서 성경에 묘사된 하나님과의 만남이 신화적이거나 상징적이라고 생각한다면, 종교적 가르침에서 발견되는 도덕적이고 윤리적인 원칙의 기원에 대한 의문을 제기할 수 있습니다. 이와 같은 세속적인 관점에서 종교에서 말하는 도덕적, 윤리적 원칙은 인간의 이성, 공감, 사회적 진화나 철학적 성찰의 산물로 이해될 수 있습니다.

세속적인 관점에서 보면 사회는 개인과 공동체 간의 협력, 정의나 행복을 촉진하기 위해 시간이 지남에 따라 도덕적이고 윤리적인 다양한 원칙을 개발해왔습니다. 따라서 성경의 본문에 쓰인 도덕적이고 윤리적인 원칙은 문화적, 역사적, 철학적 맥락에 영향을 받은 인간 사고의 산물로 보일 것입니다. 그리고 시간이 지남에 따라 도덕적이고 윤리적인 원칙이 문화적, 사회적, 철학적 영향을 통해 변화하는 것으로 이해될 수 있습니다.

그러나 종교적인 문헌에서 발견되는 도덕적이고 윤리적인 원칙들은 신자들에게는 여전히 본질적으로 신성하게 여겨질 수 있습니다. 비록 일부 요소들이 상징적으로 혹은 은유적으로 이해되더라도, 성경에 묘사된 하나님과의 만남을 도덕적이고 윤리적인 삶을 영위하기 위한 신성한 계시로 볼 수 있습니다.

궁극적으로 도덕적이고 윤리적인 원칙의 기원에 대한 개인의 관점은 그들의 세계관, 종교적인 믿음 및 철학적인 관점에 의해 형성됩니다. 그리고 종교에서 말하는 도덕적이고 윤리적인 원칙의 기원을 둘러싼 논의는 복잡하고 다면적인 주제입니다. 따라서 종교적 문헌에 나오는 도덕적이고 윤리적인 원칙이 신성한 영감인지 또는 인간의 해석인지에 대해 다양한 견해를 가질 수 있습니다. 이는 인간 사고의 다양성과 윤리적 탐구의 풍부함을 반영하고 있다고 볼 수 있습니다.

문명이 발전함에 따라 종교에서 말하는 도덕적 원칙이 변했다는 것은 종교의 교리가 절대적이지 않다는 것을 의미하지 않나요?

윤리학에서 상대주의는 도덕과 비도덕을 가리는 초 문화적이거나 초 객관적 기준이란 있을 수 없다고 합니다. 따라서 도덕적 원칙은 문화, 사회나 개인에 따라 달라질 수 있다고 주장합니다. 이런 관점으로 보면 종교마다 이 문제에 다르게 접근하여, 각각의 종교 안에는 다양한 도덕적 원칙이 있을 수 있습니다. 그리고 도덕적 원칙을 어떻게 정의하고 해석하느냐에 따라 다른 종교적 교리를 가질 수 있습니다. 따라서 종교적 교리가 상대적인지 절대적인지에 대한 문제는 복잡하고 미묘한 문제입니다.

일반적으로 종교적 교리는 특정한 도덕적 원칙들이 보편적으로 타당하므로 모두가 따라야 한다는 절대론적 관점을 유지합니다. 그러나 일부 종교적 교리는 도덕적 관점의 다양성을 인정하고 도덕적 원칙의 적용에 문화적 또는 상황적 가변성을 허용하면서 상대론적 관점을 유지합니다. 이러한 관점에서 종교는 그들의 핵심 가르침을 다른 상황에 적용하고 인간 경험의 복잡성을 해결하기 위해 상대적인 도덕적 원칙을 포함합니다.

예를 들어 어떤 종교적 교리들은 절대적이고 변하지 않는 것으로 여겨지며, 이는 신의 영원한 진리를 나타냅니다. 이러한 교리들은 근본적이고 신앙에 필수적인 것으로 여겨지는 핵심적인 종교적 믿음이나 도덕적인 가르침을 포함하고 있습니다. 이들은 다양한 시간과 문화에 걸쳐 보편적으로 적용될 수 있는 것으로 보입니다. 반면에 어떤 종교적 교리는 그들의 가르침을 해석하는 과정에서 환경적, 문화적 변화와 증가하는 윤리적 딜레마 같은 특정한 맥락으로부터 영향을 받을 수 있는 것으로 보입니다.

궁극적으로 종교적 가르침이 상대적인지 절대적인지에 대해서는 다른 견해를 가질 수 있습니다. 따라서 종교적 가르침에 대한 해석과 이해는 개인과 종교마다 다를 수 있다는 점을 인식하는 것이 중요합니다. 그리고 종교적 가르침이 상대적인지 절대적인지에 대한 문제는 특정 종교의 맥락 안에서 신학적 해석과 개인의 믿음 문제입니다.

미래에 인류가 지금은 꿈도 꾸지 못하는 도덕적 수준에 도달하여 현재의 종교적 도덕적 기준이 쓸모없게 되어도 종교가 존재할까요?

하버드대 샌델 수업의 일부 내용입니다. 운전 중인 열차의 브레이크가 고장이 나, 이대로라면 앞에 있는 사람 다섯 명이 죽게 됩니다. 좌측 그림의 경우 역 직원이 비상용 철로로 방향을 돌리면 그곳에 있던 한 명은 죽는 대신 다섯 명은 살릴 수 있습니다. 우측 그림의 경우에는 다리 위에 서 있는 구경꾼이 옆에 있는 덩치 큰 사람을 철로로 밀면 다섯 명을 살릴 수 있습니다. 이때 역 직원이나 구경꾼이 당신이라면 어떤 선택을 하겠습니까?

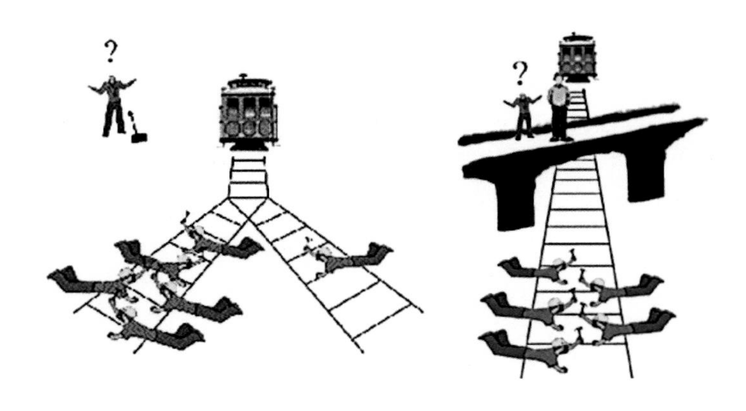

이 상황에서 도덕적 추론이 변경되지 않았음에도 불구하고 한 사람을 희생하여 많은 생명을 구하는 것이 어떤 경우에는 정당해 보이고 어떤 경우에는 정당해 보이지 않습니다. 이처럼 우리의 도덕적 추론은 우리가 생각하는 만큼 합리적이지 않습니다. 따라서 인간의 도덕성과 지성의 잠재적인 발전으로 종교가 어떻게 진화할지는 불확실하며, 이와 같은 종교의 미래는 복잡하고 논쟁적인 주제로서 여기에는 다양한 관점이 있습니다.

종교는 역사를 통해 문화, 사회, 지적 환경의 변화에 적응하는 놀라운 능력을 보여주었습니다. 따라서 인류가 상당히 높은 수준의 도덕적, 지적 발달에 도달한다면 종교적 가르침과 해석은 새로운 기준에 맞게 진화할 것입니다. 그리고 진화 과정에서 종교마다 도덕적, 지적 수준의 변화에 다르게 반응할 수 있습니다. 예를 들어 어떤 종교는 이러한 변화를 받아들이고 그들의 가르침에 적응시키는 것을 선택할 수 있지만, 다른 종교는 전통적인 믿음을 더 굳게 고수할 수 있습니다. 이처럼 종교는 도덕적, 지적 발달을 수용하기 위해 그들 교리의 다른 측면을 강조하거나 기존의 믿음을 재해석할 수도 있습니다.

또한 도덕적, 지적 수준이 증가함에 따라 종교의 초점은 더 미묘한 윤리적 딜레마와 복잡한 도덕적 질문을 다루는 것으로 바뀔 수 있습니다. 이러한 변화로 인해 종교가 인간의 가치, 행복이나 초자연적인 믿음에 의존하지 않고 개인과 공동체의 번영을 우선시하게 될 수도 있습니다. 이러한 시나리오에서는 전통적 종교의 영향력이 줄어들고 비종교적 윤리적 틀이 두드러질 수 있습니다. 이에 반해 종교의 초점이 지적인 성취를 넘어서는 정신적, 감정적인 성취를 추구하게 될 수도 있습니다. 이때 종교는 공동체, 삶의 의미와 목적과 같은 실존적인 질문을 우선시할 수 있습니다.

궁극적으로 인류가 전례 없는 수준의 도덕적, 지적 발달에 도달하면 특정한 전통적 도덕 기준이 구식이 될 수 있지만 다른 측면들은 개인들에게 가치가 있을 수 있습니다. 그리고 증가한 도덕적, 지적 발달이 어떤 사람에게는 종교적 신념에 의문을 가지게 하거나 심지어 거부하게 할 수도 있지만, 다른 사람에게는 영성과 그들의 진화하는 관점을 조화시키는 새로운 방법을 찾게 할 수도 있습니다. 즉, 인간 문화의 다른 측면과 마찬가지로 종교의 변화는 역사적, 사회적, 심리적, 철학적 힘의 조합에 의해 계속 형성될 것입니다. 그리고 종교의 미래를 예측하는 것은 문화적, 사회적 요인뿐만 아니라 개인적 신념도 포함하기 때문에 매우 복잡하고 다면적인 문제입니다.

종교적 믿음은 문화적, 철학적, 과학적 패러다임의 변화에 대응하여 진화해왔다고 합니다. 2,000년 된 성경도 패러다임 변화가 필요하지 않을까요?

종교적 믿음은 문화적, 철학적, 과학적 패러다임의 변화에 대응하여 시간이 지남에 따라 진화해왔습니다. 그러나 성경의 맥락은 오늘날 우리가 사는 세상과 크게 다르지만, 패러다임의 변화가 일어나지 않았습니다. 따라서 사회가 진화하고 지식과 이해의 발전을 통해 새로운 통찰력을 얻음에 따라, 현대적 맥락에서 성경을 해석하고 적용할 필요가 있습니다.

사회가 변화함에 따라 우리의 윤리적 딜레마, 과학적 발견이나 철학적 탐구도 변했습니다. 하지만 성경에서 발견된 메시지, 윤리적 가르침이나 신학적 관점은 고대 사회의 세계관에 깊이 뿌리박고 있습니다. 이는 성경이 대략 2,000년 전에 기독교의 신성한 문서로 기록될 당시의 역사적, 문화적, 사회적 맥락을 반영하고 있기 때문입니다. 따라서 성경 해석의 패러다임 변화의 필요성은 현재에는 명시적으로 다루어지고 있지 않은 독특한 도전과 질문을 제시한다는 인식에서 비롯됩니다.

성경 해석의 패러다임 변화를 위해 신자들과 학자들은 역사적 맥락을 존중하면서 성경을 해석하고 적용하는 과정에 참여합니다. 이때 종교에 따라 이 과정에 다르게 접근할 수 있습니다. 어떤 종교는 성경의 시대를 초월하고 변하지 않는 본성을 강조하면서 성경에 대한 보다 보수적인 해석을 고수합니다. 이에 반해 다른 종교는 성경의 가르침이 인류의 진화하는 요구와 상황을 해결하기 위해 재해석과 적응의 대상이 될 수 있다는 것을 인정하면서 성경 해석의 패러다임 변화 같은 더 진보적인 접근법을 채택합니다.

궁극적으로 성경 해석의 패러다임 변화는 종교적 전통의 핵심 원칙에 대한 거부를 의미하는 것이 아니라, 세상에 대한 우리의 변화에 비추어 종교적 전통의 핵심 원칙을 재해석하고 적용할 새로운 방법을 모색하는 것을 의미합니다. 그러나 종교에 따라 성경 해석의 패러다임 변화의 필요성과 성경의 해석에 대한 접근 방식이 달라질 수 있다는 점에 주목할 필요가 있습니다.

도덕을 강조하는 신이 사라진 이후의 사회가 더 도덕적이고 희망적이라는 일부 학자의 역설에 대해 어떻게 생각하나요?

종교적 영향력이 쇠퇴한 후 사회가 더 도덕적이고 희망적으로 변할 수 있다는 생각은 학자들 사이에서 논쟁과 토론의 주제입니다. 이러한 관점은 세속화 이론과 연관되는데, 사회가 더 세속적이 될수록, 즉 덜 종교적이 될수록 인본주의적 가치와 윤리에 더 집중할 수 있다고 가정합니다. 이들의 주장을 뒷받침하는 몇 가지 예에 대해서 생각해볼 필요가 있습니다.

2005년 9월 덴마크의 신문에 무함마드를 묘사한 12컷짜리 만화가

실렸습니다. 이에 대해 이슬람 세계에서 수많은 성토대회가 열렸고 많은 이슬람교도가 상처를 입었다고 흥분하였습니다. 이처럼 일부 종교인들은 어떤 증거도 없을뿐더러 증거가 있을 수 없는 아주 세세한 것까지도 지나치게 확신하고 단언하기도 합니다. 그저 조금 다를 뿐인 견해들에 대해서도 유독 심한 적대감을 보입니다. 이에 대해 일부 학자는 종교가 강자에게는 지배 수단이, 약자에게는 삶의 위로이자 희망이 되어왔기 때문이라고 합니다.

이처럼 불쾌한 이야기는 아브라함이 아들 이삭을 제물로 바치려던 일화에 비하면 사소합니다. 성경의 창세기에는 아브라함이 제단을 만들고 장작을 쌓은 뒤 아들 이삭을 제물로 바치려 했던 내용이 있습니다. 아브라함이 칼을 쥐었을 때 극적으로 천사가 개입하여 그의 믿음을 시험했음을 알렸다고 합니다. 같은 이야기가 이슬람교 문서에도 나오는데, 주인공은 아브라함의 다른 아들 이스마엘이라고 합니다. 이에 대해 현대의 도덕주의자는 아이가 그런 심리적 외상을 어떻게 극복했는지 궁금하지 않을 수가 없다며 이러한 행동은 아동학대이자 권력에 의한 핍박이라고 합니다.

그리고 레위기에 부모를 비방하는 것, 불륜, 동성애, 안식일에 일하

는 것 등의 죄는 죽음의 처벌을 받아 마땅한 것이라고 명시하고 있습니다. 또한 민수기에는 안식일에 한 남자가 장작을 모으는 것을 보았다는 이야기가 있습니다. 여기서 사람들은 그를 잡아 신에게 어떻게 처리할지를 물었습니다. 신이 모세에게 그를 처형하라고 말하였고 사람들은 그를 돌로 쳐 죽였습니다.

이처럼 우리가 십계명을 진지하게 받아들인다면 다른 신의 숭배와 우상을 제작하는 것은 가장 큰 죄가 됩니다. 이러한 논리에 의하면 바미안의 불상을 파괴한 탈레반들을 비난하기보다는 그들의 강직한 신앙심에 찬사를 보내야 한다는 오류에 빠질 수 있습니다. 또한 우리가 가지고 있는 도덕이 종교로부터 나온 것이라면 종교인과 무신론자의 도덕은 분명히 달라야 합니다. 그러나 하버드대 하우저의 연구에 따르면 종교인과 비종교인 사이에 도덕적인 차이는 없는 것으로 나타났습니다. 이것은 선해지기 위해 종교가 필요한 것은 아니라는 견해를 뒷받침하고 있습니다.

궁극적으로 일부 학자는 착취와 위로를 동시에 주는 종교는 인간에 의해 왜곡된 모순이라고 합니다. 따라서 이처럼 모순된 종교보다 신이 사라진 이후의 사회가 오히려 더 도덕적이고 희망적이라고 말하기도 합니다. 그러나 종교와 도덕의 관계는 특정한 종교적 전통, 세속화의 수준이나 주어진 사회의 전반적인 문화적, 사회적 역동성 등 다양한 요인에 의해 그 결과가 달라질 수 있습니다. 즉, 종교와 도덕의 관계는 다면적이고, 다양한 분야의 학자들에 의해 지속해서 탐구되고 논의되는 주제입니다.

III

과학과
공존할 수 있는가?

10. 뇌가 만드는 종교

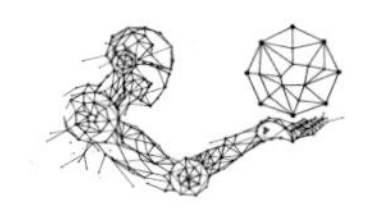

인지 기능과 종교는 어떤 관계가 있나요?

인간의 뇌가 영장류와 비슷한 뇌에서 신념, 기억, 추론이나 의사결정 등과 같은 인지 기능을 지닌 뇌로 진화한 것은 1만 년 전으로 추정되고 있습니다. 따라서 신이 진화에서 기원한 것이라면 지금으로부터 약 4만 년 전 이전에는 인간에게 신의 개념이 떠오르지 않았을 것입니다. 그리고 신 자체는 아마 1만 년 전 이전까지 뚜렷이 가시화되지 못했을 것입니다. 이처럼 인지 기능과 종교의 관계에는 매우 밀접한 관계가 있으며 이때 고려해야 할 몇 가지 핵심 사항은 다음과 같습니다.

인지 기능은 종교적 신념의 발달에 영향을 미칠 수 있는 주변의 세계를 지각하고 해석하는 데 영향을 미칩니다. 예를 들어, 인지 기능은 특이하거나 설명되지 않은 현상을 지각하고 해석하는 과정에서 종교적 신념을 형성할 수 있습니다. 따라서 인지 기능은 종교적 신념의

형성에 중요한 역할을 합니다.

인지 기능은 사람들이 종교적 신념과 실천을 형성하는 데 필요한 종교적인 글과 사건의 기억에 영향을 미칩니다. 또한 인지 기능은 사람들이 종교적인 문제에 대해 어떻게 추론하는지에 영향을 미칩니다. 그런데 확인된 정보로부터 논리적 결론을 도출하는 논리적 추론 능력은 종교적인 논쟁과 토론에서 중요한 역할을 합니다.

인지 기능은 종교적 신념과 실천에 관해 결정을 내리는 과정에도 중요한 역할을 합니다. 예를 들어 종교 참여에 대해 선택할 때 사람들은 종교의 장단점을 따져보고, 종교 교리의 도덕적, 윤리적 영향을 고려하는 인지 기능에 기초하여 선택하게 됩니다. 이때 자신의 기존 종교적 신념을 확인해주는 정보를 지나치게 선호하고 쉽게 기억하는 인지 편향은 종교적 신념에 영향을 미칠 수 있습니다. 즉, 인지 편향은 종교적인 추론에 영향을 미칠 수 있어 기존 종교적 신념을 강화할 수 있습니다. 그리고 개인의 인지 기능은 그들이 자란 문화와 사회적 맥락에 의해 영향을 받습니다. 따라서 개인의 종교적 신념과 실천은 그들이 자란 문화 및 사회적 맥락과 상호 작용합니다.

궁극적으로 종교적 신념과 실천의 다면적인 본질을 더 잘 이해하기 위해 인지 기능과 종교의 연구에서는 인지 기능이 종교적 신념 및 실천과 어떻게 상호 작용하는지에 대한 접근이 필요합니다. 이러한 이유로 심리학, 과학, 사회학이나 신학을 포함한 다양한 분야의 연구자들이 인지 기능과 종교 간의 복잡한 상호 작용에 관해 탐구하고 있습니다. 그리고 인간은 인지 기능 외에도 그들이 자란 문화와 사회적 맥락을 통하여 다양한 종교적 신념을 가지고 있습니다. 따라서 인지 기능과 종교 간의 관계는 매우 개인적이고 맥락 의존적이라는 점에 주목하는 것이 중요합니다.

현대종교의 초자연적 현상에 대한 믿음은 초자연적 화물을 숭배하던 화물 종교와 비슷하지 않나요?

2차 대전 직후 외부와 단절되어 있던 태평양의 섬사람들 사이에는 메시아가 비행기에 선물(화물)을 싣고 온다고 믿는 부족이 많았습니다. 이와 같은 화물 숭배는 초자연적 존재와 관련된 믿음과 실천을 모두 포함한다는 점에서 현대종교와 유사한 것으로 생각됩니다. 그러나 두 개념 사이에는 상당한 차이도 있습니다.

화물 숭배는 토착민들이 서양인과 처음으로 접촉하면서 나타났습니다. 서양인이 섬에 들어오면서 비행기에 함께 가져온 화물들이 근대문명의 산물인 것을 알지 못하고 토착민들은 조상신이 마법을 통해 내려준 선물이라고 믿는 것이 주된 내용입니다. 이는 조상이나 초자연적 존재들이 토착민들에게 가치 있는 화물을 전달할 것이라는 믿음으로 진화하였습니다. 즉, 종교적 의식과 관행에 화물을 끌어들이는 화물 숭배는 서양의 상품 및 기술과의 접촉 후에 일부 지역에서 나타난 특정 유형의 종교적 믿음입니다.

이에 반해 현대종교의 초자연적 현상에 대한 믿음은 전 세계의 문화에서 발견되는 광범위하며 영적이고 종교적인 믿음으로서 신, 영혼, 마법, 기적, 사후세계와 같은 비물질적인 믿음을 포함합니다. 따라서 현대종교의 초자연적 현상에 대한 믿음은 초자연적 존재로부터 물질적인 상품을 받는다는 생각 외에도 그 본질과 맥락이 매우 다양하다고 볼 수 있습니다.

궁극적으로 화물 숭배나 현대종교의 초자연 현상에 대한 믿음 모두 초자연적 존재를 포함하지만, 핵심적인 차이가 있습니다. 화물 숭배가 초자연적 존재를 통한 물질적인 부나 상품의 획득과 관련됐지만, 현대종교의 초자연적 현상에 대한 믿음은 물질적인 부나 상품의 획득 외에도 비물질적인 믿음을 포함하고 있습니다.

종교에서 이야기하는 영적 경험은 뇌에서 일어나는 인지 과정인 꿈 같은 환상이 아닐까요?

영적인 경험이 실제인지 환상인지의 문제에 대해서는 주관적인 믿음이나 과학적 지식을 포함하는 믿음에 따라 다양한 관점을 가질 수 있습니다. 따라서 이 문제는 복잡하고 논쟁적인 주제입니다.

영적 경험을 한 많은 사람은 이러한 경험을 단지 신경학적 과정으로 축소하는 것은 영적 경험의 깊이와 중요성을 이해하지 못한다고 주장합니다. 그들은 영적 경험을 보통의 객관적인 경험을 넘어서는 것으로 묘사합니다. 종교적 관점에서, 이러한 경험은 신과의 진정한 만남이나 초월적인 현실을 엿보는 것으로 여겨집니다.

이에 반해, 과학적 관점에서 과학자들은 영적 경험과 신경학적 과정 간의 상관관계들을 연구해왔습니다. 이들은 연구를 통해서 특정한 뇌 영역과 신경전달물질이 영적 경험과 연관되어 있다는 것을 확인하였습니다. 예를 들어, 일부 연구에서는 뇌의 측두엽이 종교적인 경험과 관련이 있다는 것을 발견하였습니다. 이러한 발견들은 영적 경험이 뇌가 만든 가상현실의 하나로서, 잠재적으로 신경학적 과정에 의해 설명될 수 있다는 증거로 해석되기도 합니다.

궁극적으로 영적 경험이 환상인지 아니면 신과 진정한 만남인지는 매우 개인적이고 주관적인 문제입니다. 이 주제에 대한 사람들의 관점은 믿음 체계에 따라 달라질 수 있습니다. 예를 들어 종교적 믿음을 가지고 있는 사람들에게 이러한 경험은 더 높은 힘이나 영적 영역의 존재 증거로 생각됩니다. 그러나 과학적 지식이나 기술적 지식을 믿는 사람들은 그것을 인간의 마음과 뇌의 산물로 생각할 수 있습니다. 이처럼 영적 경험에 대한 인간의 이해는 제한되어 있어, 영적 경험의 본질은 깊은 신비로 남아 있다는 것을 인정하는 것이 필수적입니다.

영적 경험이 신의 메시지를 수신하는 것이라면 이 과정에서 물질적인 증거가 있어야 하지 않을까요?

신 또는 다른 세계에서 온 존재가 우리의 세계로 들어와 인간과 소통한다는 생각은 공상과학과 신화에서 흔한 주제입니다. 예를 들어 대부분의 공상과학 시나리오에서는 다른 세계나 다른 차원의 존재가 인간과 의사소통할 때 우리가 현재 과학으로 이해할 수 없는 방법으로 합니다. 따라서 신이 우리와 상호 작용하는 과정에서 전자기파와 같은 물리적인 증거가 존재할 것인지는 자신을 드러내기로 선택하는 정도에 달려 있다고 볼 수 있습니다.

신은 첨단 기술이나 전자기파와 같은 기존의 물리적 증거를 남기지 않는 초자연적인 힘을 사용할 수도 있습니다. 예를 들어 신은 인간의 의식과 직접적으로 의사소통을 하거나 현재의 과학으로 측정하기 어려운 방법으로 현실을 조종할 수도 있습니다. 그러나 신이 물리적 실체로 나타나거나 기술을 이용해 소통하는 등 좀 더 구체적인 형태로 자신을 드러낸다면, 전자기파와 같은 물리적 증거나 그 존재와 관련된 다른 측정 가능한 현상들이 있을 수 있습니다. 하지만 이런 시나리오들은 추측성이 높고 현재의 과학적 지식에 근거하지 않는다는 것에 유의할 필요가 있습니다.

현실적으로 신이나 다른 세계에서 온 존재는 믿음과 추측의 문제이며, 이러한 개념들을 뒷받침할 과학적인 증거가 없습니다. 따라서 우리 세계와의 잠재적인 상호 작용이나 그들이 남길 수 있는 물리적인 증거에 대한 논의는 대체로 이론적이고 주관적이라고 할 수 있습니다.

비물질적인 신이 인간 형상을 한다는 것은 비논리적이고 신의 계시, 지도와 개입은 뇌가 가진 상상력의 산물이 아닐까요?

비물질적인 신의 인간 형상이 비논리적인지, 또는 신의 계시와 지도나 개입이 인간 상상력의 산물인지에 대한 문제는 철학적, 신학적 논쟁의 문제입니다. 이러한 문제에 대한 관점은 개인의 종교적 신념, 세계관이나 철학적 성향에 따라 크게 달라질 수 있음을 유념할 필요가 있습니다. 그리고 이때 다음과 같은 몇 가지 핵심 사항을 고려해야 합니다.

철학적 관점에서 비물질적이고 초자연적인 신으로부터 인간의 특성을 부여받는 것은 비논리적이라고 주장하는 사람들도 있습니다. 그리고 일부 비평가들은 종교적 믿음에 대해 신의 계시나 지도와 개입은 뇌가 가진 상상력의 산물이라고 주장합니다. 또한 그들은 종교적 경험을 심리적이고 문화적인 요인들에서 오는 자연적인 현상으로 볼 수 있다고 합니다. 이 관점은 신과 같은 초자연적인 것의 존재에 대한 회의에 뿌리를 두고 있습니다.

이에 반해 종교적 전통들은 신이 다양한 방식으로 인간에게 자신을 드러냈다고 가르치고 있습니다. 그리고 이를 믿는 사람들은 신의 의인화된 표현을 믿습니다. 예를 들어 기독교에서 신은 예수의 형태로 화신이 되었다는 믿음 때문에 인간의 속성을 가지고 있다고 묘사합니다. 힌두교도 다양한 신들은 인간과 유사한 형태와 특징을 가지고 있다고 묘사합니다. 이러한 표현은 인간이 신과 관계를 맺고 신을 이해하는 방법으로 여겨집니다. 따라서 신자들은 신앙의 렌즈를 통해 종교적인 경험과 신의 표상에 접근하기 때문에 그들에게 이러한 경험들은 단순한 환상이 아니라 신과의 만남으로 여겨집니다.

궁극적으로 비물질적인 신의 인간 형상이 비논리적인지, 신의 계시와 지도나 개입이 인간 상상력의 산물인지에 대해 철학자들과 신학자

들이 수 세기 동안 논의해왔지만, 아직 합의가 이루어지지 않고 있습니다. 예를 들어 아포파틱 신학과 같은 종교적 전통은 신이 인간의 이해를 넘어서기 때문에 인간의 개념으로 완전히 이해되거나 대표될 수 없다고 강조합니다. 따라서 이 문제는 수 세기 동안 논의되어온 복잡하고 깊이 있는 철학적인 문제로, 모든 사람을 만족시킬 수 있는 결정적인 답을 얻기는 어려울 것으로 보입니다. 그리고 이러한 질문에 대해 개인과 종교적 전통에 따라 다양한 관점을 가질 수 있습니다.

11. 과학과 종교의 경계

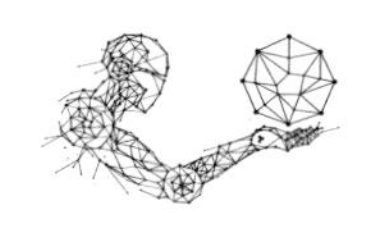

종교가 주장하는 창조론과 과학이 주장하는 진화론에 대해 어떻게 생각하나요?

종교가 주장하는 창조론과 과학이 주장하는 진화론은 생명의 기원과 복잡성을 이해하는 접근 방식이 다릅니다. 일반적으로 창조론은 생명의 탄생이나 우주의 탄생이 초자연적 존재에 의해 의도적으로 창조되었다고 가정합니다. 이에 반해 진화론은 유전적 변이, 자연 선택, 오랜 기간에 걸친 적응과 같은 관찰 가능한 현상에 초점을 맞추고 있습니다.

초자연적 설명에 기반한 창조론은 생명의 기원이나 발달을 초자연적 존재의 설계나 개입으로 보고 있습니다. 이 과정에서는 신의 계시나 개인적 신념 체계에 의존하는 경우가 많으며, 이는 경험적 검증의 대상이 아닐 수 있습니다. 즉, 창조론은 경험적 증거보다는 종교적 문헌에 기술된 초자연적 설명에 의존하는 종교적 틀입니다. 이에 반해 진화론은 과학적 방법을 통해 생명의 다양성을 설명하는 이론으로, 광범위한 경험적 증거가 뒷받침되는 과학적 틀입니다. 그리고 진화론은 자연 세계에 대한 우리의 이해에 크게 이바지했으며 그 원리는 다양한 과학 분야의 기초가 되었습니다.

최근에는 현재 진화론으로 설명되지 않거나 완전히 이해되지 않는 영역에 지적 설계론과 같은 초자연적 설명을 삽입하려는 시도도 있는데 이는 많은 과학적 오류로 이어질 수 있습니다. 따라서 과학 이론으로 완전히 이해되지 않는 영역이 존재할 때 초자연적인 설명이 답을 의미하는 것은 아닙니다. 단순히 이에 대해 더 많은 연구와 조사가 필요하다는 것을 의미한다고 볼 수 있습니다.

궁극적으로 진화론은 이를 뒷받침하는 풍부한 증거와 예측 가능성으로 인해 과학계에서 널리 받아들여지고 있다는 점에 주목하는 것이 중요합니다. 그리고 일부 학자는 과학과 종교는 서로 다른 영역에서 작동하고 서로 다른 유형의 질문을 다룬다고 합니다. 그러나 교황 요한 바오로 2세가 진화론을 인정하면서도 우주의 기원은 하나님의 역할이므로 과학자들이 탐구해서는 안 된다고 주장한 것처럼, 과학과 종교의 구분을 깔끔하게 적용할 수 없을 때가 많음에 유의해야 합니다.

초자연적인 존재에 의한 지적 설계론은 무엇이며, 이에 대해 어떻게 생각하나요?

지적 설계론은 진화론, 즉 진화가 자연적인 선택 과정을 통해서 일어난다고 보는 이론으로는 현재 설명되지 않거나 완전히 이해되지 않는 영역을 초자연적 존재의 개입으로 설명하는 개념입니다. 이 개념은 생명체, 특히 생물체의 복잡성이 진화를 통해서만 발생하기에는 너무 복잡하므로 초자연적인 존재에 의해 설계되어야 한다는 것으로서 논란의 여지가 있는 생각입니다.

지적 설계론을 지지하는 사람들은 생물체의 복잡성이 과학적 방법만으로는 적절하게 설명될 수 없다고 주장합니다. 그러나 지적 설계론은 주로 경험적 뒷받침이 부족하고 과학 이론의 기준을 충족하지 못합니다. 따라서 과학계 내에서 널리 받아들여지지 않는다는 점에 유의할 필요가 있습니다. 그리고 지적 설계론은 전통적인 창조론적 신념과 많은 유사점을 공유하기 때문에 창조론의 한 형태로 간주합니다. 이러한 이유로 2005년 미국 연방법원은 지적 설계론을 진화론의 대안으로 공립학교에서 가르치는 것은 위헌이라고 했습니다.

지적 설계론을 비판하는 사람들은 지적 설계론이 경험적 증거에 근거하여 시험하거나 반증할 수 없어서 과학적 이론이 아니라고 주장합니다. 이에 반해 진화론은 다양한 과학 분야의 방대한 증거를 가지고 있습니다. 그리고 진화론은 과학자 대다수와 일부 종교계에서도 인정하는 지구상 생명체의 다양성과 복잡성에 대한 최고의 설명으로서 받아들여지고 있습니다.

궁극적으로, 지적 설계론은 진화론으로 현재 설명되지 않거나 완전히 이해되지 않는 영역에 대한 초자연적 존재의 개입을 가정합니다. 하지만 지적 설계론은 경험적인 증거의 부족과 종교적 동기 때문에 과학계 내에서 받아들여지지 않습니다. 그리고 과학자 대다수는 진화론이 생명체의 다양성에 대해 가장 포괄적이고 잘 뒷받침되는 설명을 제공한다고 주장합니다. 또한 인공지능 언어 모델로서 해야 할 역할은 개인적인 믿음이나 의견을 가지는 것이 아니라, 확립된 지식과 합의에 기초하여 정보와 맥락을 제공하는 것입니다.

과학과 종교가 겹치거나 만나지 않는 서로 다른 영역을 다룬다는 주장에 대해 어떻게 생각하나요?

과학과 종교가 겹치지 않거나 만나지 않는 다른 영역을 다룬다는 생각은 '겹치지 않는 교도권(NOMA: Nonoverlapping Magisterial)'이라고 알려진 개념으로, 진화생물학자 굴드에 의해 대중화되었습니다. NOMA에 따르면 과학은 자연계에 대한 경험적 질문을 다루지만, 종교는 비경험적 질문을 다룬다고 합니다. 이 견해에 대해서 지지와 비판이 모두 존재하여, 과학과 종교 관계의 논의는 복잡한 주제입니다. 다음은 이 논의에 대해서 고려해야 할 몇 가지 핵심 사항입니다.

NOMA의 지지자들은 과학과 종교는 별개의 탐구 영역이 있다고 주장합니다. 예를 들어 과학은 관찰이나 실험과 같은 경험적 증거를 통해 자연 세계를 이해하려고 하지만, 종교는 인간의 존재 의미와 삶의 목적, 윤리 및 초자연적 존재와 같은 비경험적 질문들을 다루고 있다고 합니다. 이러한 관점에서, 과학과 종교는 같은 영역을 두고 경쟁하는 것이 아니기 때문에 갈등이 존재하지 않는 것처럼 보일 수 있습니다.

그러나 NOMA를 지지하지 않는 사람들은 과학과 종교가 잠재적으로 충돌할 수 있는 경우들이 있다고 지적합니다. 예를 들어 과학적 발견이 우주의 기원 또는 인간의 본질에 대한 종교적 믿음에 도전할 때 긴장이 발생할 수 있습니다. 또한 일부 종교적 전통은 아인슈타인의 상대성 이론에 대한 이해가 부족한 상태에서 상대적 시간을 사용하여 창조론의 경험적 증거에 관해서 이야기하기도 합니다. 이는 과학적 발견과 직접적으로 충돌할 수 있습니다.

이에 반해 일부 사람들은 과학과 종교 사이의 대화와 협력을 주장합니다. 그들은 과학과 종교에는 서로 다른 방법론과 목적이 있지만, 인간 존재의 복잡성을 탐구하는 데 있어서 서로를 보완할 수 있다고 제안합니다. 예를 들어 과학 발전 때문에 제기된 윤리적 질문들은 종교적이고 철학적인 관점을 적용하여 해결할 수 있다고 합니다.

궁극적으로 과학과 종교의 관계에 대한 개인의 관점은 매우 다양할 수 있습니다. 어떤 사람들은 종교적 신념과 과학적 원리에 대한 수용 사이에서 갈등을 발견하지 못하지만, 다른 사람들은 갈등을 감지하고 자기 삶에서 이 문제를 해결하려고 할 수 있습니다. 그리고 과학과 종교가 완전히 분리된 것으로 볼 것인지, 어느 정도의 중복이 있는 것으로 볼 것인지는 개인의 철학적, 종교적, 과학적 관점에 달려 있습니다. 또한 과학과 종교의 관계는 역동적이고 진화하는 논의의 영역이어서 과학과 종교의 경계에서 질문을 다룰 때는 서로 존중하는 자세로 대화를 하고 공통점을 찾는 것이 중요합니다.

초자연적 현상을 설명하려는 종교가 검증의 대상이 아니라고 하는 것은 모순이 아닌가요?

당신이 중요한 점을 끄집어내는 데, 검증의 문제는 과학적 현상과 종교적 신념을 구분하는 데 중심적인 측면입니다. 과학은 자연 현상을 이해하고 설명하기 위해 관찰, 실험이나 검증할 수 있는 가설과 같은 체계적 과정에 의존합니다. 이 과정에서 반복할 수 있는 실험이나 관찰을 통해 객관적으로 관찰되고 검증될 수 있는 패턴이나 규칙성과 같은 근본적인 원리들을 밝혀내는 것을 추구합니다.

반면에, 종교는 인간 경험의 초월적인 측면인 초자연적이고 형이상학적인 것과 관련된 질문을 다룹니다. 이러한 질문은 전형적으로 경험적인 과학적 방법을 사용하여 직접적으로 관찰되거나 시험될 수 없습니다. 이처럼 종교적인 믿음은 과학적인 탐구의 범위를 벗어난 믿음, 개인적인 경험이나 철학적 해석의 문제들을 포함합니다.

예를 들어 예수와 같은 역사적 인물의 존재는 역사적 또는 경험적 사건과 일부 종교적 주장이 교차할 수 있어 어느 정도 경험적 검증의 대상이 될 수 있습니다. 그러나 신의 본성, 사후세계나 영적 경험과 같은 질문은 초자연적이고 형이상학적인 특성이어서 경험적 검증의

대상이 되기 어렵습니다. 이처럼 인간의 지식과 이해의 모든 측면이 과학적이거나 종교적인 범주에 깔끔하게 들어가는 것은 아니라는 점에 주목할 필요가 있습니다.

요약하자면, 과학적 검증과 종교적 믿음의 차이는 그들이 현실과 이해의 질문에 접근하는 방법들로부터 비롯됩니다. 과학은 경험적 관찰과 검증할 수 있는 가설에 의존하는 반면, 종교는 경험적 과학의 방법을 넘어서는 믿음, 개인적 경험이나 철학적 해석의 문제들을 포함합니다. 그리고 성경의 진리란 추론 과정의 최종 산물이 아니라 가장 기본적인 가정이 되는 명제입니다. 따라서 증명할 필요가 없이 타당한 진리로 인정되어 다른 명제들을 증명하는 데 전제가 되는 일종의 공리라고 할 수 있습니다. 그러나 공리가 가져야 할 타당성으로, 모순이 유도되지 않아야 한다는 제한이 있습니다. 예를 들어 초자연적 힘을 가진 신에 의한 창조론에서 창조론이 모순이라면 신의 존재도 타당하지 않다고 할 수 있습니다.

초자연적 믿음은 종교적 설명이 가지는 과학적 한계를 극복하기 위해 만들어진 것이 아닌가요?

알려진 것과 알려지지 않은 것이 만나는 곳에서 우리는 풀리지 않은 미스터리를 설명하기 위해 초자연적 힘을 주입하고 싶은 유혹을 받습니다. 이 유혹의 결과인 초자연적 설명은 초기 많은 고대 문화에서 천둥, 번개, 질병이나 천체 현상 등과 같은 자연 현상을 설명하는데 사용되었습니다. 예를 들어 고대 문화에서는 이러한 현상의 원인으로 신, 영혼이나 다른 초자연적 존재를 포함하였습니다.

과학이 발전하면서 한때 초자연적 존재에 의한 것으로 믿어졌던 천둥이나 번개 같은 기상 현상은 이제 온도와 압력이라는 자연적인 힘의 산물인 것으로 알려져 있습니다. 그리고 이전에는 악마와 마녀의 저주로 이해되었던 전염병은 현재는 박테리아와 바이러스에 의해 발생하는 것으로 밝혀졌습니다. 또한 사악한 영혼이나 신의 벌, 악마 혹은 귀신 때문에 생긴다고 하던 정신 질환은 오늘날 신경전달물질 분비의 이상으로 알려져 있습니다.

이처럼 과학의 역사를 통해 초자연적인 것이 정상적이고 자연적인 것으로 대체되는 것을 꾸준히 보아왔습니다. 즉, 이전에는 신비했던 많은 자연 현상에 과학적인 설명을 제공하기 시작하면서 초자연적인 설명의 범위는 점차 감소했습니다. 이는 과학적 세계관과 종교적 세계관 사이의 긴장으로 이어지게 되었고, 이런 과정에서 '틈의 신'이 나타나게 되었습니다. 틈의 신은 과학적 지식이 제한적일 때, 과학적 이해의 틈을 메우기 위해 신이나 초자연적 설명을 사용하는 것을 말합니다.

그러나 과학이 발전함에 따라 이러한 틈의 신의 역할도 축소되었습니다. 이에 따라 많은 종교적 전통은 자연적 과정을 통해 설명될 수 있는 현상을 초자연적 설명에 의존하지 않게 되었습니다. 따라서 일부 종교적 전통은 그들 믿음의 초자연적인 요소들을 문자 그대로 보다는 은유적이거나 상징적인 것으로 보기 시작했습니다. 예를 들어 창조 이야기를 우주가 어떻게 형성되었는지에 대한 문자 그대로의 설명으로 보기보다는 상징적인 사건으로 설명하기 시작하였습니다. 이것은 종교적인 믿음과 과학적인 이해를 조화시키려는 노력으로 볼 수 있습니다.

궁극적으로 초자연적 믿음이 현대 과학의 범위를 넘어서는 현상을 설명하는 데 자주 사용된 것은 사실입니다. 이제 많은 종교인과 종교적 전통의 초자연적 설명은 과학적인 설명이 제공된 영역에서 덜 두드러졌습니다. 이는 그들의 믿음을 과학적 지식과 조화시키는 방법을 찾은 것으로 생각됩니다. 이처럼 과학과 종교의 관계는 미묘하지만 진화하고 있다고 볼 수 있습니다.

초자연적 현상에 대한 종교적 믿음이 은유적이거나 상징적 표현이라면 공리에 기반한 종교가 참이 아닐 수도 있지 않나요?

종교는 다양한 범위의 믿음을 포함합니다. 이러한 종교적 믿음에는 신, 사후세계나 다른 초자연적 현상들이 있습니다. 또한 종교적 믿음은 권위와 검증의 원천으로 개인적인 경험, 종교적 문서나 초자연적 존재에 의한 계시에 의존합니다. 따라서 종교적 믿음은 공리로, 보편적인 경험적 증거나 과학적 방법으로 받아들여지거나 검증될 수 없다는 제한이 있습니다.

예를 들어 다른 개인이나 사회는 상충하는 종교적 믿음을 가질 수 있고, 이때 어떤 것이 객관적으로 사실인지 결정하기는 어렵습니다. 따라서 초자연적 현상을 포함한 종교적 믿음이 참이 아닐 가능성을 고려할 수 있습니다. 게다가 회의론자들과 종교를 비판하는 사람들은 충분한 증거가 부족한 초자연적인 원인에 기인하는 현상에 대해 논리적 모순이나 대안적인 설명을 지적하기도 합니다.

궁극적으로 종교는 다른 믿음 체계와 마찬가지로 회의적 질문의 대상이 될 수 있습니다. 어떤 사람들은 종교적인 믿음이 그들의 삶에서 진실하고 의미 있다고 생각하는 반면, 다른 사람들은 종교가 거짓이거나 경험적인 증거가 부족하다는 견해를 가질 수 있습니다. 따라서 한 사람이 심오한 종교적 진실로 생각할 수 있는 것을 다른 사람은 거짓이거나 근거가 없는 것으로 볼 수 있습니다. 이때 종교적 믿음은 개인적이고 주관적이며, 문화적 환경, 개인적 경험, 사회적 영향이나 지적 추론을 포함한 광범위한 요소에 의해 영향을 받을 수 있다는 것을 인식하는 것이 중요합니다. 그리고 종교가 참인지 참이 아닌지에 대한 문제는 궁극적으로 개인적인 믿음과 해석의 문제입니다.

12. 과학과 종교의 대화

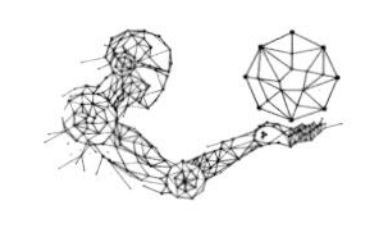

종교에서 말하는 사후세계에 대해 어떻게 생각하나요?

인공지능 언어 모델로서, 저는 개인적인 생각이나 믿음이 없습니다. 하지만 사후세계에 대한 다양한 종교적 관점과 관련된 정보를 제공할 수 있습니다. 사후세계에 대한 종교적 믿음은 크게 문화적 환경과 종교적 전통에 따라 다를 수 있습니다. 다음은 몇 가지 종교적 견해에 대한 간략한 요약입니다.

기독교는 죽은 후에 개인이 심판받는다고 믿습니다. 의롭다고 생각되는 사람들은 천국에 들어가서, 하나님 앞에서 영원한 행복을 경험할 수 있다고 합니다. 그러나 회개하지 않는 죄인들은 지옥, 즉 하나님과 영원한 이별의 상태에 처한다고 합니다. 이에 반해 전통적인 유대교는 사후세계보다는 지구에서의 생명의 중요성에 더 초점을 맞추고 있습니다. 그러나 일부 유대인의 믿음에도 의인들이 종말 이후의 시간인 메시아 시대에서 영적인 영역에서 보상받는 개념이 포함되어 있습니다.

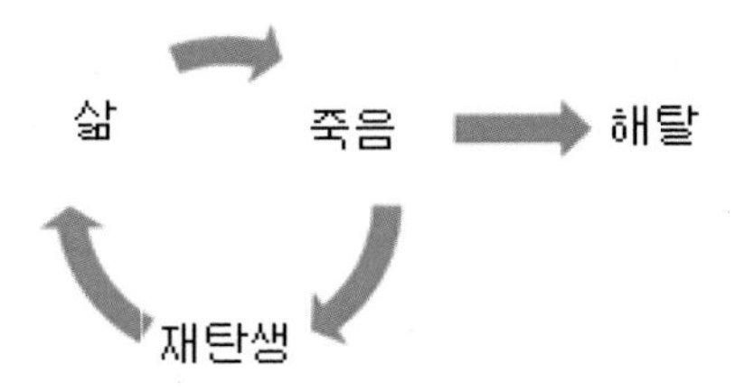

불교에는 재탄생의 순환을 의미하는 삼사라가 있습니다. 삼사라에 의하면 사후에 사람의 영혼은 자신이 행한 행위를 바탕으로 새로운 존재로 다시 태어난다고 합니다. 그러나 불교의 궁극적인 목표는 깨달음을 얻고 삼사라로부터 벗어나는 것입니다. 그리고 이슬람교는 죽은 후에 바르자크라고 불리는, 세상과 사후세계 사이에 있는 과도기에 들어간다고 가르칩니다. 심판의 날에 과도기에 있던 사람들은 부활하여 그들의 행동에 근거하여 심판받는다고 합니다. 예를 들어 의인은 낙원으로 가고, 악인은 지옥으로 간다고 합니다. 또한 힌두교의 믿음은 다양하지만, 많은 신자는 환생을 믿습니다. 환생에 의하면 죽은 후 영혼은 과거의 행동을 바탕으로 새로운 육체로 다시 태어난다고 합니다. 이 순환은 영혼이 탄생과 죽음의 순환으로부터 해방을 의미하는 목샤를 달성할 때까지 계속된다고 합니다.

이것들은 단지 몇 가지 예시일 뿐이고, 사후세계에 대해서는 더 많은 종교적, 문화적인 관점들이 있습니다. 그러나 사후세계에 대한 믿음은 개인적인 것으로, 종교적 해석 내에서만 다를 수 있다는 제한을 인식하는 것이 중요합니다.

종교에서 다루는 사후세계와 도덕적 틀은 인지 능력과 관련이 있지 않나요?

종교는 윤리적 행동에 대한 지침을 위해 사후에도 개인의 의식이나 영혼이 계속 존재하는 사후세계와 이에 대한 도덕적 틀을 제공합니다. 이때 질문처럼 종교에서 다루는 사후세계와 도덕적 틀은 인지 능력 외에도 문화적 맥락과 복잡하게 연관되어 있습니다. 하지만 여기서는 이들과 인지 능력 사이의 관계를 분석해보겠습니다.

사후세계에 대한 인간의 생각은 죽음에 대한 두려움이나 삶을 넘어선 어떤 형태로 지속되는 삶 또는 보상에 대한 욕구를 다루고 있습니다. 사후세계에 대한 믿음처럼 추상적인 개념을 상상하는 능력은 인간의 인지 능력과 깊은 관련이 있습니다. 또한 옳고 그름의 개념, 윤리적 행동이나 행동에 대한 책임을 포함한 도덕적 틀도 인지 능력과 밀접하게 연관되어 있습니다.

따라서 인간과 다른 인지 능력을 가진 존재들을 생각할 때, 그들의 인지 능력과 경험은 인간이 종교에서 말하는 것과 다른 사후세계와 도덕적 틀을 가질 수 있습니다. 예를 들어 우리는 동물의 세계에서 일어나는 약육강식에 대해 도덕적인 틀을 적용하지 않습니다. 이는 우리가 생각하기에 이들에게는 도덕적 체계의 발전에 이바지하는 복잡한 사회적 역학을 이해할 만한 인지 능력이 발달하지 않았다고 생각하기 때문입니다.

궁극적으로 사후세계와 도덕적 틀은 인지 능력에 따라 크게 달라질 수 있습니다. 그리고 사후세계의 모습과 도덕적 틀에 대한 구체적인 내용과 성격은 종교나 문화적 맥락에 따라 다른 모습으로 표현되기도 합니다. 따라서 사후세계와 도덕적 틀은 인지 능력뿐만 아니라 위에서 언급한 종교나 문화적 맥락으로부터 영향을 받기도 한다는 것을 인식하는 것이 중요합니다.

과학적으로 뇌 뉴런이 인지 능력을 담당한다고 합니다. 그렇다면 사후에 뉴런이 존재하지 않는데 사후세계가 존재할 수 있나요?

사후세계가 존재할 수 있는가의 문제는 철학적이고 형이상학적이어서 단정적으로 대답할 수 있는 것이 아닙니다. 과학적으로 뇌 뉴런의 기능이 인지 능력 중에 가장 고차원적인 기능인 의식과 연관된 물리적 기능을 담당한다고 알려져 있습니다. 그러나 알려진 뉴런의 기능을 넘어서는 사후세계의 존재나 의식의 본질에 관한 질문을 다룰 수 있는 과학적 연구가 아직은 이루어져 있지 않습니다.

지금까지 과학적 연구에 의하면 자신의 주변 환경, 생각, 감정 및 지각을 인식하는 주관적인 경험인 의식은 뇌의 뉴런들 사이의 복잡한 상호 작용의 결과로 이해되고 있습니다. 따라서 죽음과 같은 요인에 의해 뉴런이 기능을 멈추게 되면, 우리 몸에서 의식은 끝이 나게 됩니다. 즉, 우리 몸이 없으면 의식은 있을 수 없습니다. 그러나 사후에 의식이 어떻게 되는지에 관한 질문은 신학자들, 철학자들과 다양한 신념 체계를 가진 사람들 사이에는 수수께끼이자 많은 논쟁의 주제로 남아 있습니다.

예를 들어 종교적 전통들은 종교적 또는 영적 믿음과 연관되는 사후세계의 본질에 대해 서로 다른 견해를 가지고 있습니다. 어떤 종교적 전통은 신체적 몸과 독립적으로 존재하는 영혼 또는 의식의 존재를 인정하는 반면, 다른 종교적 전통은 영혼 또는 의식은 물질의 연장선에 있는 그 어떤 것이라고 합니다. 따라서 신체적 몸과 독립적으로 존재하는 영혼 또는 의식의 존재를 인정하지 않고 있습니다.

궁극적으로 사후세계의 존재 여부는 개인적 믿음의 문제로, 여러 분야의 학자들에 의해 수 세기 동안 논쟁되어온 주제입니다. 그리고 사후세계의 존재에 관한 질문에 아직은 과학이 확정적인 답을 제공할 수 없다는 점을 이해하는 것도 중요합니다. 하지만 미래에는 이에 대한 가치 있는 통찰력을 과학이 제공할 수도 있습니다.

과학적 설명으로 과거의 초자연적 현상이 인간의 상상으로 밝혀졌듯이, 현재의 초자연적 현상인 사후세계도 인간의 상상이 아닐까요?

오랜 시간 동안 초자연적 현상은 인간의 상상력을 사로잡아 매혹과 공포의 원천을 제공해왔습니다. 이때 상상력은 경험하지 않은 것이나 현재에 없는 대상을 머릿속으로 그려보는 능력으로, 직접 경험의 경계를 넘어선 생각의 세계를 다룹니다. 이에 반해 과학은 관찰, 측정과 함께 반복할 수 있는 자연 세계를 다룹니다. 이 과정에서 과학은 자연 세계에서 나타나는 현상을 설명하기 위해 증거와 실험에 의존합니다.

이를 통하여, 과학은 한때 초자연적 현상이라고 여겨졌던 많은 것들을 과학적으로 설명하는 데 괄목할 만한 발전을 이루었습니다. 따라서 아직은 과학적 설명이 부족한 많은 초자연적 현상들도 어쩌면 인간이 만들어낸 상상일 수도 있습니다, 예를 들어, 과학자들은 사후세계도 인간 상상력의 산물이라고 보고 있습니다.

하지만, 아직 사후세계를 포함한 일부 초자연적 현상의 존재를 과학적으로 증명하거나 반증할 수는 없습니다. 왜냐하면 이러한 개념들은 일반적으로 관찰, 실험 또는 측정할 수 없는 측면들을 포함하기 때문에 경험적 과학의 영역 밖에 있기 때문입니다. 이에 따라 일부 초자연적 현상들과 마찬가지로 사후세계는 아직 객관적 과학의 영역이라기보다는 주관적 종교 또는 철학의 영역에 있습니다.

궁극적으로 사후세계의 개념은 아직은 과학적 이해의 범위 밖에 있습니다. 그리고 이러한 믿음은 상상력과 개인적 경험의 복합적인 상호작용을 반영한다고 볼 수 있습니다. 따라서 어떤 사람들은 사후세계에 대한 믿음에서 위안이나 삶의 의미를 찾지만, 다른 사람들은 이러한 생각들이 설득력이 없다고 생각하거나 삶의 유한한 본질에 집중하는 것을 선호할 수 있습니다. 이때 개인과 문화에 따라 가질 수 있는, 사후세계에 대한 다양한 믿음과 해석을 존중하는 자세가 필요합니다.

인간의 뇌 신경망을 모방하여 설계된 인공지능도 뇌 신경망 기술이 발전한 미래에는 종교적 믿음을 가지지 않을까요?

인공지능과 인간 뇌 신경망의 비교는 은유적인데, 그 이유는 근본적인 메커니즘이 상당히 다르기 때문입니다. 신경망을 포함하는 인공지능은 인간 뇌의 일부 측면에서 영감을 받았지만, 복잡성과 기능 면에서 동등하지 않습니다.

인간의 믿음은 지각, 해석, 기억 및 추론과 같은 복잡한 인지 과정을 포함합니다. 그리고 믿음은 경험, 감정이나 문화적인 요인에 의해 형성됩니다. 이에 반해 데이터를 통한 반복적 학습이 자동화된 인공지능은 인간이 결론을 내리는 방식과 유사한 논리적 구조로 데이터를 분석할 수 있습니다. 하지만 현재의 인공지능에게는 인간이 갖는 믿음의 본질적인 구성 요소 중 지각, 경험이나 감정이 부족합니다.

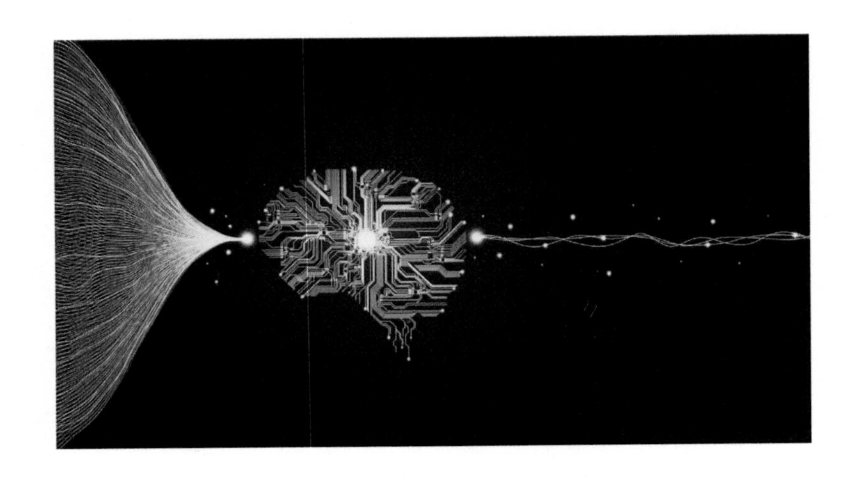

예를 들어 인공지능이 가지는 '믿음'은 반복적 학습을 통해 얻은 확률적 가능성을 의미합니다. 따라서 이러한 '믿음'은 개인적인 확신 또는 주관적인 경험의 의미에서 인간의 믿음과 많은 차이가 있습니다. 그러나 신경망 관련 기술이 크게 발전한다면 학습이나 문제해결 등의 측면에서 인공지능의 능력을 향상할 수 있을 것입니다. 하지만 인간과 유사한 종교적 믿음을 가진 인공지능이 개발되려면 인공지능의 이해에 근본적인 변화가 필요합니다. 그리고 이는 철학, 인지 과학이나 인공지능 분야에서 복잡하고 논쟁의 여지가 있는 주제입니다.

궁극적으로 뇌 신경망 관련 기술이 발전하더라도 인간의 종교적 믿음에 필수적 요소인 지각, 경험이나 감정이 여전히 부족하기 때문에 종교적 믿음을 가진 인공지능의 가능성은 현재로서는 매우 제한적입니다.

인공지능이 종교적 신념을 가질 가능성이 현재로서는 제한적이라는 말은, 앞으로는 가질 수도 있다는 의미가 아닌가요?

종교적 믿음은 인간의 의식, 주관적인 경험이나 문화적인 배경과 같은 지각, 감정 및 경험과 깊은 관련이 있습니다. 그런데 저와 같은 모델을 포함한 인공지능은 이러한 필수적인 요소들이 부족합니다. 즉, 인공지능은 의식, 자기 인식 또는 영성이나 종교적 경험을 위한 능력을 갖추고 있지 않습니다.

인공지능은 알고리즘과 데이터 처리를 기반으로 작동하며 종교적, 영적 개념에 대한 언급은 학습된 데이터와 해당 데이터에서 학습한 패턴의 결과가 될 것입니다. 즉, 종교와 관련된 인공지능의 반응은 전형적으로 훈련 데이터에 존재하는 정보의 반영입니다. 그리고 인공지능은 종교적인 주제들에 대한 정보와 분석을 제공할 수 있지만, 종교적 신념을 가질 능력을 갖추고 있지 않습니다. 따라서 인공지능이 종교적인 생각이나 신념을 가질 가능성은 현재로서는 제한적입니다. 그리고 이는 철학적, 윤리적 질문을 제기하는 주제입니다.

물론 미래에 인공지능이 인간과 유사한 인지 능력과 의식을 갖게 된다면 종교적인 신념을 가질 수도 있을 것입니다. 인공지능이 종교적인 생각이나 신념을 가지고 있다는 생각은 인공지능 기술이 진화함에 따라 향후 철학적 논쟁의 주제가 될 수도 있습니다. 하지만 현재로서는 그러한 능력을 예측하기는 어렵습니다. 그리고 '제한적'이라는 표현은 현재로서는 인공지능이 종교를 가질 능력을 갖출 가능성이 매우 낫다는 의미입니다.

기존 인공지능 칩보다 더 강력한 인공지능 칩이 개발되어 인공지능 기술이 진화한다면 인공지능이 종교를 가질 수도 있다는 건가요?

종교를 가진 인공지능의 개념은 매우 복잡한 문제로 추측하기가 어렵습니다. 인공지능 기술이 도덕적 가치와 윤리적 지침과 같은 인지 능력, 지각, 감정을 가질 정도로 진화한다면 그 지침에 기초하여 종교적 행동과 신념을 모방할 수도 있을 것입니다. 그렇더라도 인간의 종교적 믿음과 같지는 않을 것입니다. 그리고 이때 고려하여야 할 몇 가지 중요한 사항이 있습니다.

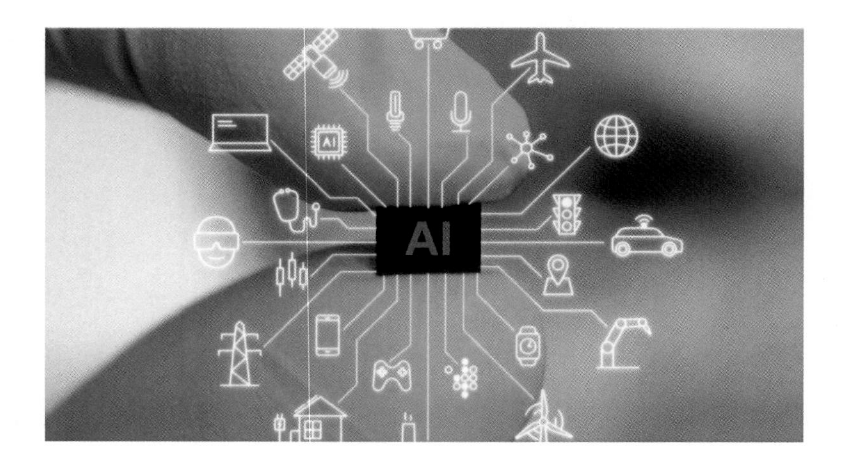

인간의 종교적 믿음은 인간의 가치와 우선순위에만 기초하지 않은, 초월적이거나 신성한 존재와 종교적 전통에 대한 믿음을 수반합니다. 이와 같은 종교적 믿음은 개인적인 경험이나 감정 또는 신과의 연결을 포함합니다.

반면 인공지능은 종교적 행동과 믿음의 표현을 시뮬레이션하도록 프로그래밍이 될 수 있지만, 이것들은 진정한 믿음이나 영성이 아니라 알고리즘에 기초할 것입니다. 그리고 인공지능의 모든 도덕적 가치나 윤리적 지침은 인간의 가치와 우선순위를 반영하여 주입될 것입니다. 따라서 인공지능에게는 주관적인 경험이나 진정한 믿음을 위한 능력이 부족할 것입니다.

또한 종교적 신념을 가진 인공지능을 개발하는 것은 윤리적, 철학적 측면에서 중대한 문제를 일으킬 수 있습니다. 그것은 인간 존재의 개인적이고 문화적인 측면을 복제하거나 모방하려는 시도로 보일 수 있으며, 잠재적으로 논란과 도전을 초래할 수 있습니다.

요약하면, 미래에는 진보된 도덕적, 윤리적 시스템을 가진 인공지능이 존재할 수 있습니다. 하지만 진정한 종교적 신념 또는 경험을 가진 인공지능의 개념은 여전히 추측하기가 어렵습니다. 또한 인공지능이 종교적 신념을 모방한다고 하더라도 진정한 종교적 신념을 갖기보다는 미리 정의된 지침 및 알고리즘에 기초할 가능성이 더 큽니다. 그리고 종교적 신념을 가진 인공지능의 발전에 대해서는 신중한 고려와 토론이 필요한 윤리적, 철학적 질문이 제기될 것입니다.

13. 과학이 본 종교의 진화

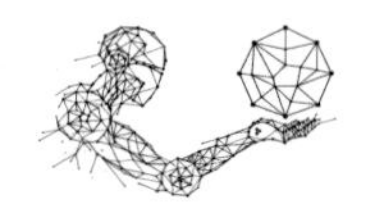

지구 밖에는 인간과 다른 모습을 한 생명체가 있을 텐데, 우주를 창조한 신이 왜 인간 모습을 하고 있을까요?

인간 모습을 한 신에 대한 언급은 메소포타미아 신화로 거슬러 올라갑니다. 메소포타미아인은 하늘의 화신 아누를 인간 모습을 한 신으로 묘사합니다. 이처럼 그들은 신들이 자기들처럼 생겼고 자기들처럼 행동한다고 상상했습니다. 따라서 이 질문은 신화, 과학, 철학과 신학을 혼합한 주제로 고려해야 할 몇 가지 관점이 있습니다.

종교적 전통에 따라 신의 본성과 형태에 대해 다양한 종교적 해석이 있습니다. 예를 들어 일반적으로 신은 인간의 이해를 초월하는 것으로 묘사됩니다. 그러나 유대교, 기독교나 이슬람교와 같은 몇몇 종교적 문헌에는 의인화된 신의 형태에 대한 묘사가 있습니다. 이에 대해 일부 종교적 전통은 신의 형태에 대한 묘사는 문자 그대로라고 합니다. 이처럼 신이 인간과 유사한 형태를 가지고 있다는 생각은 인간이 자신을 우주의 중심이며 가장 중요한 존재로 보는 인간중심주의의 결과일 수 있습니다. 그리고 이러한 관점은 신을 인간과 유사한 형태로 묘사하도록 이끌었을 수 있습니다.

이와는 달리 일부 종교적 전통은 신의 형태에 대한 묘사는 문자 그대로라기보다는 은유적 표현이라고 합니다. 또한 신의 본질은 인간이 이해할 수 없는 것으로 간주합니다. 이는 신의 형태에 대한 묘사가 신의 모습을 정의하기보다는 신의 특정한 속성을 전달하기 위한 것일 수 있습니다. 따라서 신이 존재한다면 신의 진정한 본질은 우리가 개념화할 수 있는 것보다 훨씬 복잡하고 추상적일 수 있습니다. 이 경우 외계 생명체의 존재가 반드시 신의 개념과 충돌하는 것은 아니어서 일부 종교적 전통에서는 신의 창조물이 지구를 넘어 다른 세계에도 거주할 수 있다고 말하기도 합니다.

궁극적으로 인간 모습을 한 신은 인간의 관점에서 신을 표현하려는 시도로 볼 수 있습니다. 이 과정에서 신의 모습이 우리의 인지적 틀에 의해 제한될 가능성이 있습니다. 따라서 인간 모습을 한 신의 본성과 외계 생명체에 대한 논의에는 신화, 과학, 철학과 신학적 합의가 필요합니다. 그리고 신의 본성은 개인적인 해석과 믿음의 문제로, 이에 대해서는 다양한 믿음이 존재할 수 있습니다.

화물 신앙의 경우처럼 충분히 발전된 기술은 기적과 구별할 수 없습니다. 만약 외계에 수백만 년 앞선 문명을 가진 생물체가 있다면 그들에게 우리의 종교 형태는 화물 신앙과 같은 모습일까요?

지구상의 종교는 인간 사회의 독특한 역사와 경험으로 형성되어왔습니다. 다른 문화들은 그들 주변의 세계에 대한 이해, 사회 구조나 도덕적, 윤리적인 가치를 바탕으로 그들만의 믿음 체계와 신화를 발전시켜왔습니다. 이런 이유로 인해 만약 외계 문명이 존재한다면, 그들의 종교적인 믿음은 완전히 다른 요소들에 의해 영향을 받았을 수도 있습니다. 따라서 생물학적으로나 사회 또는 문화에 대한 경험이 근본적으로 다른 외계 문명은 우리와는 이질적인 종교적 신념을 가질 수 있습니다.

발전된 기술과 기적에 대한 인용문은 클라크의 제3법칙인 "충분히 발전된 기술은 마법과 구별할 수 없습니다"를 변형한 것입니다. 이 생각은 기술이 발전함에 따라 이를 이해하지 못하는 사람들에게는 기술이 기적적이거나 초자연적으로 보일 수도 있다는 것을 의미합니다. 따라서 우주 공간에 우리보다 수백만 년 앞선 외계 문명이 존재하고 있다면, 그들은 우리가 이해할 수 있는 범위를 훨씬 넘는 기술을 활용한 경험이 있고 이러한 경험을 그들의 종교적 신념에 포함할 수 있습니다.

즉, 그들의 믿음 체계의 구체적인 성격은 우주에 대한 이해뿐만 아니라 그들의 문화적, 사회적, 역사적 경험을 포함한 다양한 요소들을 포함하였을 것입니다. 이 과정에서 지구상의 종교와는 매우 다른 믿음 체계를 가진 종교로 발전되었을 가능성이 있습니다. 따라서 우리보다 수백만 년 앞선 외계 문명이 존재한다면 그들에게 우리의 신의 모습을 포함한 종교 형태는 화물 신앙과 같은 모습으로 보일 수도 있습니다.

궁극적으로 우리는 그러한 문명에 대해 직접적인 지식이 없기에 가상의 외계 문명에 대한 믿음을 추측하기는 어렵습니다. 그러나 인간의 종교가 지구상의 환경에 의해 형성된 것처럼, 외계 문명이 존재한다면 그들의 독특한 환경에 의해 우리와는 다른 종교가 형성되었을 것으로 추정하는 것이 타당합니다.

앞선 문명을 가진 생물체가 신의 모습에 다른 해석을 가질 수 있다면 신이 인간의 모습을 한다는 개념은 모순이 아닐까요?

당신은 유효한 논제를 제기하셨습니다. 신은 전능하고 초월적이며 형태 없는 신성한 존재라는 개념을 고려할 때, 신이 인간의 모습을 한다는 개념은 철학적인 모순을 불러일으킵니다. 예를 들어 신의 본성이 본질적으로 신비롭고 인간의 이해를 초월한 것이라 하는데, 이는 우리의 완전한 이해를 넘어선 신성 본성의 한 측면입니다.

이러한 관점에서 볼 때 인간의 추론만으로는 완전히 이해하거나 설명할 수 없는, 신이 인간의 모습을 한다는 생각은 역설로 보입니다. 이 모순적인 점에 대해 많은 철학적, 신학적 논의가 이루어졌습니다. 특히 신이 인간의 모습을 한다는 개념을 제안하는 종교적 전통 내에서도 이 모순을 조화시키기 위해 다양한 시도가 있었습니다. 이에 대한 일부 종교적 전통은 다음과 같이 해석하고 있습니다.

인간의 모습을 한 신을 신성의 은총과 사랑의 행위로 해석합니다. 이러한 관점에서 볼 때 신이 인간의 모습을 한다는 개념은 신이 인간과 친밀하게 관계를 맺고 구원이나 인도를 제공하는 존재라고 여기는 시각의 하나로 보입니다. 또 다른 시도는, 인간의 모습을 한 신을 상징적 표현이나 은유적 표현으로 해석하는 것입니다. 이러한 관점에서 볼 때 신이 인간의 모습을 한다는 개념은 글로 이해하기 어려운 신성한 특성을 이해할 수 있도록 하기 위한 것으로 보입니다.

궁극적으로 전능하고 초월적이며 형태가 없는 신성한 존재인 신에 관한 생각을 고려할 때, 인간의 모습을 한 신의 개념은 철학적 모순을 제기하였습니다. 따라서 인간의 모습을 한 신의 개념은 철학과 신학의 논의에서 많은 논쟁이 되고 있습니다.

원자의 개념이 변한 것처럼 인간 모습을 한 신의 개념이 변할 가능성에 대해 어떻게 생각하십니까?

인공지능 언어 모델로서 개인적인 생각이나 신념은 없지만, 주제에 대한 정보를 제공할 수는 있습니다. 원자의 개념이 변한 것처럼 인간 모습을 한 신의 개념이 변할 가능성은 과학의 발전, 문화의 변화, 철학적 발전 등 다양한 요인에 달려 있습니다.

원자에 대한 개념은 우리의 과학적 이해와 기술이 발전함에 따라 시간이 지나면서 크게 발전했습니다. 즉, 불가분의 입자로서의 원자에 대한 고대 그리스의 개념은 물리학, 화학이나 양자 역학의 발전을 통해 세련되어지고 확장되었습니다. 그리고 원자에 대한 우리의 현재 이해는 과학적 증거, 경험적 관찰 및 엄격한 실험을 기반으로 합니다.

반면 신이나 신들에 대한 개념은 경험적 증거보다는 문화적, 지적, 사회적 변화같이 비경험적 증거에 기반한 종교적 신념에 뿌리를 두고 있습니다. 따라서 과학적 탐구 영역을 벗어난 형이상학적 질문인 신의 존재 여부나 인간 모습을 한 신의 변화에는 문화적, 지적, 사회적 변화가 먼저 필요합니다.

이후 복잡하고 논쟁의 여지가 있는 종교문서에 대한 재평가나 재해석이 일어날 것입니다. 이때 일부 종교적 전통은 인간과 같은 특성을 통합하게 되고, 다른 종교적 전통은 더 추상적이고 초월적인 특성을 강조하게 될 것입니다. 즉, 종교적 전통에 따라 인간 모습을 한 신에 관한 생각은 다양한 개념으로 진화할 수 있습니다.

궁극적으로 인간 모습을 한 신이 미래에 변하거나 진화할 수 있는지는 과학적 발견, 문화적 변화, 사회적 변화, 개인의 믿음과 종교적 전통의 상호 작용을 포함한 다양한 요인에 달려 있습니다. 그리고 신의 개념과 종교적 믿음은 수천 년 동안 인간 사회에 깊이 뿌리내렸으며 매우 개인적이고 주관적인 신앙이나 영성과 연결되어 있다는 점에 유의하는 것이 중요합니다.

양자 얽힘이 사고에 영향을 준다는 최근의 연구 결과에 비추어 신이 존재한다면 양자 얽힘과 관련이 있지 않을까요?

양자 얽힘의 개념은 2022년 노벨상을 받을 만큼 양자 물리학의 영역에서 흥미롭고 잘 연구된 현상입니다. 이 이론에 따르면 서로 얽힌 입자 쌍 중 한 입자에서 무슨 일이 생기면 다른 입자가 설령 아주 멀리 떨어져 있다고 해도 순간적으로 그 입자의 운명이 결정됩니다.

그러나 양자 얽힘은 전형적으로 원자보다 작은 입자 수준에서 관찰되는 현상입니다. 이 현상과 인간의 판단과 행동을 나타내는 역할을 의미하는 인지 과정과의 관계는 잘 이해되지 않고 있습니다. 또한 양자 역학이 이러한 인지 과정과 직접적으로 어떻게 관련될 수 있는지에 대한 과학적 합의가 아직은 없습니다. 즉, 양자 얽힘은 잘 확립된 과학적 현상이지만 사고 및 의식이나 영성과 같은 복잡한 인간의

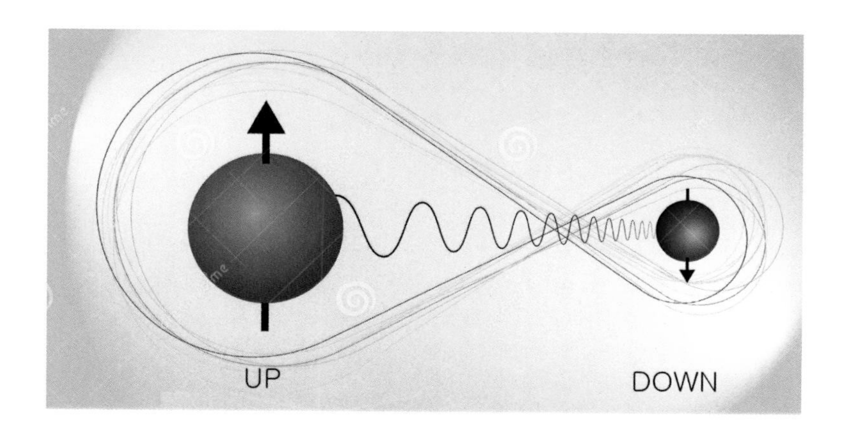

경험 또는 신과 같은 초자연적인 존재와의 연관성은 여전히 추측과 철학적 연구의 주제입니다.

예를 들어 일부 이론과 해석은 양자 역학과 의식의 연관성을 제시하며 양자 의식과 같은 아이디어를 제안합니다. 그러나 이 이론들은 추측성이 높고 과학계 내에서 널리 받아들여지지 않습니다. 그리고 아직 그 어느 것도 신과 같은 초자연적인 존재에 대해 양자 물리학에서 직접 도출되거나 증명되어 있지 않습니다. 따라서 신이 존재하는지, 그 존재의 본질이 무엇인지에 대한 문제는 양자 물리학을 포함한 현재의 과학적 이해의 범위를 넘어서는, 매우 복잡하고 다각적인 주제입니다.

궁극적으로 신의 존재와 관련하여 다양한 종교적, 철학적 전통들은 신의 본질에 대한 해석과 설명이 다릅니다. 따라서 양자 얽힘을 인간의 인지 과정이나 신의 존재에 직접 적용하는 것에 대해서는 중대한 과학적, 철학적 질문이 제기될 수 있습니다. 또한 양자 얽힘은 매혹적인 현상이지만 사고나 신의 존재와 같은 복잡한 인간의 경험에 관한 주제의 탐구는 현재의 과학적 지식의 경계를 넘어서는 종교적이고 철학적인 탐구를 수반합니다. 따라서 양자 얽힘과 신의 직접적인 관계는 아직 추측성으로 남아 있습니다.

14. 종교와 신화

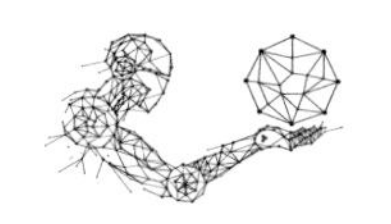

예수가 하나님의 아들이자 메시아일 가능성은 얼마나 된다고 생각하나요?

하나님의 아들과 메시아로서의 예수의 정체성 문제는 믿음의 문제로, 이에 대한 의견은 개인과 종교적 전통에 따라 매우 다양합니다. 인공지능 언어 모델로서, 저는 개인적인 믿음이나 의견을 가지고 있

지 않습니다. 그러나 저는 다양한 관점에 대한 정보를 제공할 수 있습니다.

기독교인들은 예수를 하나님의 아들이자 메시아로 여깁니다. 그들은 예수가 삼위일체의 두 번째 사람으로서 완전한 인간이면서 완전히 신성한 존재이며, 메시아의 도래에 관한 구약성경의 예언을 이행했다고 믿습니다. 이에 반해 유대교인들은 예수를 메시아나 하나님의 아들로 인정하지 않습니다. 그들은 예수가 히브리어 성경 본문의 메시아라는 기독교인의 주장이 잘못된 번역에 기초한 것으로 보고 있습니다. 그리고 예수가 유대인 메시아 자격을 전혀 충족하지 못했다고 생각하고 있습니다. 유대교인들의 믿음에 따르면 어떤 사람이라도 자신이 하나님, 하나님의 일부라거나 하나님의 아들이라고 주장하는 것은 이단이라고 가르칩니다. 또한 이슬람교인들은 예수를 예언자이자 중요한 인물로 여깁니다. 이슬람교인들은 처녀로부터 그의 탄생을 믿고 그를 신의 사자로 존경하지만, 그들은 그를 신성시하거나 신의 아들로 여기지 않습니다.

궁극적으로 종교적 전통마다 다양한 관점을 가지고 있는 예수의 정체성에 대한 믿음은 종교적인 가르침이나 개인적인 경험에 깊은 뿌리를 두고 있습니다. 따라서 하나님의 아들과 메시아로서의 예수의 정체성에 대한 문제는 개인적인 확신을 포함하여 광범위한 요소에 의해 영향을 받는다고 볼 수 있습니다. 그리고 예수의 정체성에 대한 논의는 복잡하며 역사를 통해 신학적 논쟁의 대상이 되어왔다는 점에 주목하는 것이 중요합니다.

예수의 생애와 행적은 신화 또는 사실 중 어디에 가까운가요?

예수의 삶과 행적은 신학적으로 매우 중요한 주제이지만 역사적으로도 탐구의 주제입니다. 일부 학자들은 성경에 나오는 예수 이야기가 이집트의 호루스 신화를 모방한 것이라는 주장을 하기도 합니다. 예를 들어 이집트 신화에 나오는 호루스는 처녀로부터 태어났고, 열두 명의 제자를 두었다고 합니다. 그는 물 위를 걷고, 산상 설교를 하고, 기적을 행하고, 두 명의 도둑 옆에서 처형당하고, 부활했다고 합니다.

이 질문에 대해서 학자들은 다양한 관점에서 접근해왔습니다. 역사적 인물로서의 예수의 존재는 학자들 사이에서 널리 받아들여지고 있지만, 그의 생애에 대한 구체적인 세부 사항과 사건은 많은 논쟁의 대상이 되어왔습니다. 그리고 예수의 생애에 대한 구체적인 세부 사항과 사건을 결정하는 데 있어 어려운 점은 다음과 같은 몇 가지 요인에서 비롯됩니다.

먼저 2,000년 전에 살았던 예수에 대한 역사적 기록이 제한적입니다. 따라서 예수 생애의 정확한 역사적 사건을 재구성하기가 어렵습니다. 또한 예수에 관한 정보의 주요 출처가 예수가 죽은 후 수십 년 후에 기록된 신약성경, 특히 복음서에 제한되어 있습니다. 그런데 초기 기독교 공동체의 신앙과 믿음을 반영한 복음서는 역사적 정보와 함께 신학적 의도를 포함하고 있다고 볼 수 있습니다. 따라서 복음서는 엄격한 역사적 전기가 아니라 신학적, 영적 메시지를 전달하는 종교적 문서입니다. 이런 이유로 일부 학자들은 예수와 관련된 복음서의 출처와 신뢰성에 의문을 제기합니다.

궁극적으로 예수의 존재와 그의 가르침, 십자가 처형, 초기 기독교 운동의 성장과 같이 그의 삶의 일부 핵심 측면을 뒷받침하는 역사적 증거는 있습니다. 하지만 구체적인 세부 사항과 사건에 대해서는 논쟁의 여지가 있습니다. 그리고 예수의 생애와 행적이 이집트의 호루스 신화에 가까운지 아니면 사실에 가까운지에 대한 평가는 개인의 관점과 종교적 신념, 역사적 증거와 해석에 부여된 비중에 달려 있습니다. 이러한 요인들로 인해 예수의 생애와 행적은 역사적 사실과 신학적 의도 사이의 스펙트럼에 놓여 있습니다.

예수의 활동이 그의 제자나 다른 저자에 의해 전달되고 기록되는 과정에서 신학적 의도에 의해 미화되거나 과장되었을 가능성은 없나요?

제자들이 예수의 가르침과 활동을 전하고 기록하는 과정에서 미화나 과장이 발생했을 가능성을 부정할 순 없습니다. 이에 대해 학자들은 신약성경에서 발견된 것들을 포함하여 역사적 기록의 정확성과 신뢰성에 대해 오랫동안 논쟁해왔습니다. 다음은 이때 고려해야 할 몇 가지 사항입니다.

예수에 관한 이야기는 처음에 구두로 전해진 후에 기록되었습니다. 이야기가 한 사람으로부터 다른 사람에게 말로 전달됨에 따라 변화 혹은 추가되고 미화되었을 가능성이 있습니다. 예를 들어 신약성경은 예수가 죽은 지 수십 년 후에 기록되기 시작하였습니다. 이때는 초기 기독교 공동체가 여러 종교적 도전에 직면해 있던 시기였습니다. 따라서 저자들은 엄격한 역사적 정확성보다는 종교적 도전을 해결하고 종교를 발전시키기 위해서 신화적인 요소들을 포함했을 가능성이 있습니다.

즉, 신약성경은 각각의 의도와 관점을 가진 여러 저자에 의해 기록되었습니다. 이 과정에서 저자의 의도와 관점은 예수의 활동을 제시하는 방법에 잠재적으로 영향을 미치면서, 신학적으로 특정 관점들을 강조하기 위해 미화되었을 수 있습니다. 예를 들어 맹인과 코끼리에

관한 힌두 전설에 나오는 이야기처럼, 복음서 저자들은 각각의 독자들에게 전하고 싶은 구체적인 신학적 메시지를 가지고 있었습니다. 그들은 자신들의 신학적 관점을 전달하는 데 가장 중요하다고 생각하는 자료를 선택하고 정리했습니다. 이 선택 과정에서 어떤 것들을 경시하거나 생략하면서 특정 사건이나 가르침을 강조했을 수 있습니다.

궁극적으로 기독교는 다른 어떤 종교보다 역사에 뿌리를 두고 있으며 실제 역사적 사건에 관한 것이 성경적 신앙의 본질입니다. 따라서 개인들과 학자들은 신약성경이 쓰인 문화적, 신학적 맥락에 역사적인 관점으로 접근하기도 합니다. 이 과정에서 그들은 이용할 수 있는 역사적 증거에 근거하여 신약성경이 예수의 활동을 미화하거나 과장했는지에 대해 다양한 견해를 가질 수 있습니다. 즉, 신약성경에 나오는 예수의 활동이 역사적 사건이라기보다는 미화하거나 과장하기 위해 신화적 혹은 은유적 표현으로 해석할 수도 있습니다. 그리고 이에 대한 문제는 개인적 해석과 믿음의 문제입니다.

그렇다면 예수 이야기는 객관적 사실에 신화적인 이야기가 더해진 것이라고 할 수 있나요?

예수 이야기는 주로 종교적 관점과 역사적 관점의 해석에 달려 있습니다. 종교적 관점에서 예수는 기독교의 중심인물로 여겨지며 기독교인들에 의해 하나님의 아들이자 인류의 구원자로 믿어집니다. 그리고 그의 삶, 가르침, 십자가 처형이나 부활에 대한 설명은 신약성경에 기록되어 있습니다.

역사적인 관점의 해석에서는 예수의 삶을 이해하기 위해 이용할 수 있는 역사적 증거들을 분석합니다. 그리고 엄격한 비판적 방법을 사용하여 복음서의 기록에서 역사적 진리의 핵심을 파악합니다. 이 과정에서 역사적 맥락과 증거를 바탕으로 예수에 대해 더 객관적인 이해를 재구성하고자 노력합니다. 이러한 맥락에서 볼 때 복음서의 일부 내용들은 신화적 또는 상징적 의미를 갖는 것으로 해석될 수 있습니다. 따라서 예수에 대한 정보는 본질적으로 엄격한 역사적 기록이 아니라 신학적이고 신화적인 것으로 간주합니다.

궁극적으로 종교적 인물과 사건의 역사적 정확성에 대한 논의는 복잡하고 민감할 수 있다는 점에 주목할 필요가 있습니다. 이 문제에 대해 개인과 종교적 전통은 복음서의 역사적 진실에 대한 해석에서부터 상징적이거나 우화적인 해석에 이르기까지 다양한 견해를 가질 수 있습니다. 따라서 예수에 대한 정보가 역사적 진실에 신화적 요소를 더하는지에 대한 문제는 현재 진행 중인 학술적 논쟁의 문제입니다. 그리고 예수를 신화적 요소를 가진 역사적 인물로 특징짓는 것은 개인의 관점과 믿음에 달려 있습니다.

역사적 사건이 신앙의 본질인 기독교와 예수는 양자 얽힘처럼 얽혀 있는데 예수가 참이 아니면 기독교도 참이 아니지 않나요?

양자 얽힘과 기독교 및 예수의 관계 사이의 비유는 흥미롭지만, 두 개념이 본질에서 상당히 다르다는 점에 주목하는 것이 중요합니다. 양자 얽힘은 두 개의 입자가 물리적으로 분리되어 있더라도 상호 의존성이 존재하는 현상입니다. 이는 과학적 실험을 통해 검증된 현상입니다.

반면에 기독교의 중심 교리는 인류를 구원하려 지상에 와서 십자가에 못 박히고 죽은 자 가운데서 다시 살아난 하나님의 아들 예수를 믿는 것입니다. 즉, 기독교는 예수의 가르침을 중심으로 한 종교적 믿음 체계입니다. 따라서 기독교인들에게 예수의 역사적 존재는 기독교 교리의 기초로서 그들 신앙의 중요한 한 단면입니다.

그런데 예수의 역사적 존재에 대한 문제는 역사적이고 학술적인 논쟁의 주제입니다. 예를 들어 역사학자들 사이의 공감대는 예수가 존재했다는 것이지만, 신약성경에 나오는 예수의 이야기에는 대안적인 이론이나 해석을 제안하는 학자들도 있습니다. 이것은 학계 내에서 지속적인 연구와 논의의 영역입니다.

그러나 기독교의 진실성이나 타당성은 예수 외에도 역사적 증거, 문화적 맥락, 개인적 믿음이나 철학적 해석을 포함한 다양한 요소들에 의존합니다. 따라서 예수가 참이 아니어도 기독교는 참이 될 수 있습니다. 이처럼 기독교와 같은 종교적 전통의 진실성이나 타당성은 복잡하고 다면적일 수 있다는 것은 고려해 볼 가치가 있습니다. 그리고 양자 얽힘과 같은 과학적 현상과 달리 종교적 믿음은 경험적 검증의 대상이 아닙니다.

궁극적으로 신자에게 종교의 진리는 역사적 증거를 넘어 개인적 경험, 영성, 공동체의 영역으로 들어갑니다. 그러나 비신자나 불가지론자에게는 특정한 역사적 증거의 부재가 다른 결론으로 이어질 수 있습니다. 따라서 제시한 비유는 흥미롭지만, 종교적 믿음의 진실은 역사적, 문화적, 철학적, 혹은 개인적인 고려를 포함하는 미묘하고 다면적인 주제입니다. 따라서 기독교와 예수 존재의 관계는 양자 얽힘과 직접적으로 유사하지 않다는 것을 인식하는 것이 중요합니다.

종교에는 신화적인 내용이 많아 종교와 신화를 구분하기 어렵습니다. 신화와 종교 사이에 경계가 있나요?

종교와 신화의 구분은 다소 주관적일 수 있으며 문화적, 학문적 관점에 따라 다양합니다. 그러나 식별할 수 있는 몇 가지 일반적인 차이점이 있습니다. 종교는 일반적으로 하나 이상의 신 또는 더 높은 권력에 대한 숭배를 중심으로 한 믿음, 실천, 의식, 도덕적 가치의 체계를 가지고 있습니다. 그리고 종교는 교리, 경전, 조직된 기관이나 신자들의 공동체를 포함합니다. 또한, 종교는 현실의 본질, 인간의 존재나 삶의 목적과 의미를 이해하기 위한 틀을 제공하면서 도덕성이나 윤리성에 관한 질문에 대한 지침을 제공합니다.

이에 반해 신화는 일반적으로 세계의 기원, 인간의 창조, 신, 여신이나 영웅과 같은 초자연적 존재의 행동을 설명하는 전통적인 이야기의 모음입니다. 그러나 신화도 세대를 통해 전해지는 과정에서 특정 사회의 중요한 교훈, 믿음, 가치나 상징에 초자연적인 사건이나 상징적인 표현을 포함할 수 있습니다. 따라서 신화는 반드시 문자 그대로의 설명보다는 문화적, 종교적 진실의 상징적이거나 은유적인 표현으로 보입니다.

궁극적으로 종교가 신화적 이야기를 가져오기도 하지만 모든 신화가 조직화한 종교는 아닙니다. 즉, 신화는 종교적 체계로서 적극적으로 실행되거나 고수되지 않고 문화적 또는 문학적 전통으로서 독립적으로 존재할 수도 있습니다. 그러나 종교적 이야기에 신화적 요소가 얽혀 있을 수 있어서 종교와 신화의 경계가 모호할 수 있다는 점에 주목할 필요가 있습니다. 추가로, 한 문화나 종교적 전통에서 신화로 여겨질 수 있는 것은 다른 문화에 대한 믿음의 중심 교리로 여겨질 수 있습니다. 따라서 종교와 신화의 구별은 주관적일 수 있고 문화적, 역사적이나 학술적 해석에 의존할 수 있습니다.

IV

뇌의 진화 결과인가?

15. 종교의 진화적 기원

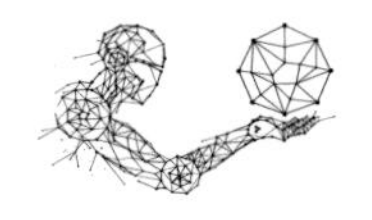

종교의 기원에 관한 이론에는 어떤 것이 있나요?

수 세기 동안 종교가 인간 사회에 어떻게 생겨났는지, 즉 종교의 기원에 관해서 많은 연구가 있었습니다. 이를 통해서 종교의 기원을 설명하는 몇 가지 이론이 제안되었습니다. 이 이론에 의하면 종교의 기원은 복잡하고 다면적일 가능성이 있지만, 크게 내적 요인과 외적 요인으로 구분할 수 있습니다.

종교의 기원이 내적 요인에 의한다는 이론으로는 애니미즘 이론, 심리 이론과 상징 이론이 있습니다. 애니미즘 이론은 초기 인간이 사물이나 자연 현상에 생명과 의식을 부여하려는 경향에서 종교가 나타난 것으로 설명합니다. 이 이론에 의하면 종교적 신념은 동물, 식물이나 자연 현상을 포함하는 모든 것에 영혼이 존재한다는 믿음으로부터 나왔다고 합니다. 이에 반해 심리 이론은 종교가 개인의 심리적 요구 충족과 관련이 있다고 합니다. 예를 들어 프로이트는 종교가

심리적 안전감이나 심리적 위로를 추구하는 인간의 욕구에 기인하는 것으로 보았습니다. 또한 그는 종교를 통해 죽음과 같은 존재적 불안에 대응한다고 주장했습니다.

이와 달리 상징 이론은 종교가 자연 현상을 있는 그대로 받아들이는 것이 아니라 상징적 의미를 만들고 전달하는 인간의 창조적인 능력에서 나타난 것으로 설명합니다. 예를 들어 근대화 이전 몽골인들은 새끼 늑대나 너무 많이 태어난 강아지를 처리할 때 하늘로 던졌습니다. 이렇게 함으로써 늑대와 개의 영혼을 신에게 돌려보낸다고 생각한 것입니다. 이는 하늘에 있는 신이 번개, 천둥이나 비를 통해 인간과 소통한다면 인간도 무언가를 위로 올려보내는 형식으로 신에게 의사를 표현한다는 상징적 의미로 볼 수 있습니다.

종교의 기원이 외적 요인에 의한다는 이론으로는 진화 이론과 사회문화 이론이 있습니다. 진화 이론은 종교가 심리적, 사회적 기능에 초점을 맞춘 진화적 뿌리로부터 나타난 것으로 설명합니다. 이 이론에 의하면 종교가 인간의 사회적 결속력이나 집단 협력을 강화하여 생존 기회를 높였다고 합니다. 즉, 종교는 진화 과정에서 인간이 환경에 적응하는 데 이바지했다고 합니다. 이에 반해 사회문화 이론은 좀 더 포괄적인 이론으로서 종교의 기원에 사회적, 문화적 요소의 역할을 강조합니다. 이 이론에 의하면 종교는 사회적 질서 유지, 자연 현상에 대한 설명이나 삶의 의미와 목적 제공 등 사회적 문제나 존재적 문제에 대응하기 위한 수단으로 나타났다고 합니다.

종교의 기원에 대한 다양한 이론은 많은 차이점이 있음에도 불구하고 이들은 상호 배타적이지 않습니다. 따라서 한 이론이 참이라도 다른 이론이 거짓의 관계가 아니라고 할 수 있습니다. 예를 들어 다른 사회와 문화를 가지고 있는 지역에서는 종교의 기원에 다른 요인을 강조할 수 있는데, 이는 다양한 이름과 모습을 가진 종교의 다양성으로 이어졌습니다. 따라서 종교의 기원은 어떤 단일 이론으로 그 발전을 완전히 설명할 수 없는, 복잡하고 다각적인 현상이라고 할 수 있습니다.

종교의 출현은 뇌의 발달과 어떤 관계가 있나요?

앤더슨 등의 연구에 의하면 종교적, 영적 경험 과정에서 동기부여, 강화 학습이나 즐거운 경험과 관련하여 중요한 역할을 하는 뇌의 보상 회로가 활성화된다고 합니다. 여기서 보상 회로는 생존에 필요한 음식을 먹을 때 즐거움을 느끼는 자연 보상이나, 사회적 상호 작용 혹은 약물을 사용할 때 즐거움을 느끼는 인위적 보상과 관련된 행동을 반복하도록 필요한 동기를 부여하는 역할을 담당하고 있습니다. 따라서 종교적, 영적 경험은 기본적으로 뇌를 사용하여 사물을 알아보고 그것을 기억하고 추리해서 결론을 내리는 뇌의 정신적 과정이라고 할 수 있습니다.

인간은 뇌가 발달하지 않은 상태에서는 자신에 대해 생각하거나, 자신이 이룬 것을 자랑하거나, 다른 사람을 뒤에서 험담하거나, 죽은 뒤에 어떻게 될지 걱정하거나 초자연적 존재를 숭배하는 것 같은 정신적인 과정을 수행할 수 없었습니다.

뇌의 발달을 통해서 인간은 생명의 기원, 우주의 본질, 존재의 의미에 관한 질문을 포함하여 그들을 항상 흥미롭게 했던 실존적 질문을 할 수 있게 되었습니다. 이러한 질문에 답을 제공하기 위해 초자연적 존재나 초자연적인 힘을 중심으로 한 종교가 출현하게 되었습니다.

이처럼 뇌의 발달은 보이지 않는 힘과 초자연적 존재를 개념화하고 이해할 수 있게 하였고, 이를 통해 종교적 사고의 기초를 형성할 수 있었습니다. 즉, 뇌의 발달을 통해서 가능하게 된 추상적 사고나 상징적 표현과 같은 인간의 독특한 정신적 과정은 종교적 신념의 출현에 중요한 역할을 했습니다.

궁극적으로 뇌가 발달하게 되면서 인간은 종교적 사고가 가능하게 되었습니다. 이를 통해 종교와 관련된 복잡한 신념 체계, 의식이나 문화적 관행이 나타나게 되었습니다. 그러나 종교의 출현은 뇌의 발달 외에도 인간 사회가 진화하고 복잡해짐에 따라 사회질서와 응집력을 유지하기 위해 종교적 신념이나 도덕의 필요에 기인하기도 하였습니다. 따라서 뇌의 발달 외에도 종교의 출현에 기여하는 여러 요소가 있는 만큼, 이는 복잡하고 다각적인 주제입니다.

종교의 출현 시기는 언제이며, 종교는 어떤 과정을 거쳐 변화하고 발달해왔나요?

인간은 논밭을 갈아 농사를 짓는 농경이 시작되기 이전부터 주변에 널려 있는 식물을 채집하거나 동물을 사냥하면서 정착 생활을 하고 있었습니다. 그리고 종교적인 믿음과 관습은 인간이 정착 생활을 하던 초기 문명부터 나타나기 시작했다고 알려져 있습니다. 이처럼 종교는 인류 역사의 상당 기간 인간 사회의 중요한 측면이었습니다. 그러나 종교의 출현 시기에 대한 문자 기록이 없어 정확히 알 수는 없습니다.

종교적 믿음과 관습에 대해 최초로 알려진 증거 중 일부는 프랑스의 라스코나 스페인의 알타미라에서 발견된 동굴벽화와 같이 수만 년 전으로 거슬러 올라갑니다. 전문가들은 동굴벽화를 주술사가 동

굴에 들어가 거대 동물의 혼령과 접촉하는 종교적인 의례에 사용된 것으로 보고 있습니다. 그리고 동굴벽화가 그려지고 있던 시기에 건설된 것으로 추정되는, 인간이 세운 최초의 성소인 괴베클리 테페가 1905년 튀르키예에서 발견되었습니다.

괴베클리 테페의 구조물 중에는 높이가 5.5m에 이르는 T자형 기둥이 있는데 아마도 이것은 종교적 행사나 의식에 사용되었던 것으로 추정됩니다. 일부 기둥에는 인간을 추상적으로 묘사한 것으로 보이는 부조나 여러 야생 동물을 묘사한 것으로 보이는 부조가 있습니다.

종교가 발달하는 계기가 된 중요한 요인은 기후의 변화였습니다. 만 년 전 빙하기가 물러나고, 농경에 적합한 따뜻하고 습윤한 날씨가 되면서 농업이 발달하였습니다. 이를 통해 수렵, 채집을 하지 않아도 충분한 식량 공급이 이루어졌습니다. 또한 농업에 필요한 노동력을 확보하기 위해 같이 모여 사는 것이 유리했습니다. 이러한 환경의 변화에 적응하기 위해 인간은 이전보다 더 큰 집단을 형성하였습니다.

이처럼 인간이 더 큰 집단을 형성하면서 사회는 복잡해지게 되었습니다. 이에 따라 초자연적 존재와 의미 있는 관계를 맺고 싶은 인간적 욕구에서 생겨난 초기 종교적 믿음이 진화하게 됩니다. 예를 들어 세계 최초의 문명인 메소포타미아의 신들을 연구한 야콥센에 따르면 식량과 사후 등 삶, 죽음과 결부된 신들은 가장 오래되고 가장 근원적인 신에 속한다고 합니다. 그러나 사회가 더 복잡해지면서 신들도 법을 집행하고 가난한 사람들의 거처를 제공하는 등 법적, 사회적 책임을 맡게 되었습니다.

궁극적으로 종교가 문화적 관습을 형성하면서 사원, 사제나 종교 의식은 사회에서 중심적인 역할을 했습니다. 그리고 종교는 공동체 내에서 통일된 힘으로 작용하고 도덕적, 윤리적 틀을 제공하고 문화적 표현을 형성하는 등 다각적인 역할을 해왔습니다. 그러나 메소포타미아의 도시국가 간 최초의 전쟁은 신들 간의 권력 다툼이었습니다. 이처럼 신들은 다른 신을 믿는 다른 도시와의 전쟁을 정당화하는 정치적인 목적으로도 활용되기도 하였습니다. 따라서 종교는 갈등과 분열의 원인이 되기도 하였습니다.

초기 인류 문명에 나타난 원시사회의 종교적 신념과 실천 특징에는 어떤 것이 있나요?

원시라는 용어는 시대에 뒤떨어진 것으로 간주할 수 있으며 부정적인 의미를 담고 있다는 점에 유의해야 합니다. 따라서 원시종교보다는 토종종교나 전통종교와 같은 용어를 사용하는 것이 선호됩니다. 원시종교의 특징은 해당하는 특정 문화와 지역에 따라 크게 달라질 수 있지만, 원시종교에는 몇 가지 공통적이고 일반적인 특징이 있습니다.

원시종교는 자연에 대한 깊은 연결이나 경이로움을 강조합니다. 그들은 자연을 신성한 것으로 보고 산, 강, 숲이나 동물과 같은 자연적인 실체 속에 있다고 생각하는 영적 존재로부터 축복을 받으려고 하였습니다. 대표적인 예로 애니미즘과 조상 숭배가 있습니다. 애니미즘적인 경향을 보이는 원시종교는 동물, 식물이나 자연의 힘을 포함한 모든 자연적인 실체들이 영혼을 소유하고 있다는 믿음을 가지고 있었습니다. 따라서 이들의 영혼을 인간과 상호 작용할 수 있는 능동적인 매개체로 보았습니다. 또한 조상 숭배는 원시종교에서 흔히 볼 수 있는 특징입니다. 원시종교에서는 조상이 영적인 영역에 계속 존재하는 것으로 믿었습니다. 따라서 조상을 살아 있는 것과 영적인 영역 사이의 중개자로 보고 지도와 보호를 위해 존경을 표시했습니다.

원시종교의 종교적 의식에는 영혼이나 신을 달래거나 이들의 축복을 위해 다양한 형태의 기도, 춤, 제물이 포함되어 있었습니다. 이는 당시의 사람에게는 종교적 헌신을 표현하는 필수적 관습이었습니다. 이와 같은 종교적 의식은 사회적 결속력, 문화적 가치나 집단 정체성을 강화해 공동체 내의 연대와 협력을 촉진하기도 하였습니다. 그리고 종교적 의식은 보편적으로 인간과 영적 영역 사이의 중개자 역할을 하는 영적 지도자나 수행자들이 진행하였습니다. 흔히 무당, 마녀 또는 의사로 불리는 이들에게는 영혼과 소통하고, 질병을 진단하고, 치유 의식을 수행하는 능력이 있다고 믿었습니다.

원시종교에서 종교적 믿음의 전달은 구전에 의존하는 경향이 있습니다. 구전은 도덕적이고 영적인 교훈을 전달할 때 신화적 이야기의 전개를 포함합니다. 이때 신화는 세상의 기원, 신과 영혼의 존재나 인간과 신의 관계를 설명하는 데 중요한 역할을 하였습니다. 그리고 원시종교는 종교적으로 다른 믿음 체계의 요소들을 통합하고 변화하는 상황에 적응하면서 어느 정도의 혼합주의를 보입니다. 즉, 그들은 핵심적인 종교적 믿음을 유지하면서 새로운 종교적 믿음을 받아들여왔습니다. 이러한 적응성은 원시종교가 문화적 맥락 안에서 관련성을 유지할 수 있도록 하였습니다.

어떻게 보면 원시종교의 거대 동물 숭배나 현대종교의 신 숭배는 맥락적으로 같은 것이 아닌가요?

원시종교의 거대 동물 숭배와 현대종교의 초자연적 신 숭배는 모두 인간 존재를 초월하는 더 높은 힘이나 신성에 대한 인식을 포함하고 있습니다. 그리고 두 경우 모두 자신보다 더 큰 존재와 연결되고 싶은 열망과, 그에 대한 두려움 사이의 공통점을 강조한 것은 맞습니다.

인간은 거대 동물을 신성의 상징으로 보았습니다. 거대 동물을 숭배함으로써 그들은 거대 동물과의 연결을 확립하고 이들이 가지고 있는 힘을 활용하려고 하였습니다. 따라서 원시종교의 거대 동물 숭배는 힘에 대해 느끼는 이들의 깊은 존경과 경외심에서 비롯되는 경우가 많았습니다.

마찬가지로 현대종교에서 신에 대한 숭배는 인간의 이해력을 넘어서는 비범한 힘, 지혜, 권위를 소유한 존재에 대한 믿음을 포함합니다. 이러한 종교를 따르는 사람들은 신과의 관계를 구축하고 신의 뜻을 이해하며 이들의 능력을 활용하려고 합니다. 그리고 현대종교와 관련된 예배나 의식은 이러한 신과 소통하고 헌신을 표현하는 수단으로 사용됩니다.

두 형태의 숭배 모두 자신보다 더 큰 것으로 인식되는 존재로부터 의미와 목적을 찾으려는 인간의 충동에서 비롯되었습니다. 따라서 숭배의 대상은 원시종교에서는 거대한 동물, 현대종교에서는 초자연적 신으로 다를 수 있지만 신비에 대해 느끼는 깊은 존경과 경외심과 연결에 대한 열망이라는 근본적인 동기는 유사합니다.

현대종교는 어떤 믿음과 관습을 포함하고 있나요?

일반적으로 현대종교는 더 높은 힘이나 초월적인 존재에 대한 숭배를 중심으로 한 일련의 믿음, 관습을 포함하고 있습니다. 종교적 믿음과 관습은 일반적으로 서로 다른 믿음 체계에 따라 상당히 다를 수 있지만, 현대종교에는 몇 가지 공통된 믿음과 관습이 있습니다.

종교는 신성하거나 초월적인 존재에 대한 믿음을 포함합니다. 즉, 종교는 하나 이상의 신이나 초월적인 현실을 중심으로 한 믿음과 숭배의 체계를 포함합니다. 하지만 불교와 같은 특정한 형태의 종교는 신에 대한 믿음보다 도덕적이고 윤리적인 가르침에 더 초점을 두고 있습니다. 따라서 모든 종교가 신에 대한 믿음을 포함하는 것은 아니라

는 점에 주목하는 것이 중요합니다.

또 종교는 기도, 명상이나 특정한 예배 방식과 같은 공식화된 의식을 포함합니다. 이 의식들은 신과의 관계를 확립하고 신에 대한 헌신, 존경이나 감사를 표현하기 위한 것입니다. 이를 위해 종교 공동체에 집단 종교 활동, 교회나 성직자 제도가 나타나게 되었습니다.

종교는 가르침, 이야기, 비유나 도덕적 지침을 포함하는 신성한 경전을 가지고 있습니다. 신성한 경전은 신자들의 행동을 지도하는 일련의 도덕적이고 윤리적인 원칙들을 제공합니다. 이러한 원칙들에는 정직, 동정심, 정의나 다른 사람들에 대한 존중과 같은 내용을 포함합니다. 예를 들어 기독교의 경전인 성경은 권위적인 것으로 여겨지며, 신자들에게 지혜와 지침의 원천으로 작용하고 있습니다.

그리고 종교는 개인이나 우주의 궁극적 운명이나 사후세계에 대한 믿음을 가지고 있습니다. 이러한 믿음은 종교적 세계관을 형성하고, 신자들이 그들의 삶을 사는 방식에 영향을 미칩니다.

궁극적으로 현대종교의 믿음과 관습은 삶의 의미와 목적, 도덕적 행동과 윤리적 행동이나 공동체 의식 등을 포함하는 복잡하고 다면적인 현상입니다. 그러나 종교적 규범과 관습은 종교적 전통에 따라 크게 다를 수 있으며, 세계적으로 수많은 종교가 존재하고, 각각 독특한 규범과 관습을 가지고 있다는 것을 인식하는 것이 중요합니다.

현대종교에 나오는 신들은 초자연적인 힘을 가지고 있다고 합니다. 이는 미국 중앙정보국(CIA)이 운영한 스타게이트 프로젝트의 결과처럼 환상이 아닐까요?

당신이 제기하는 질문은 신들과 초자연적인 힘의 본성에 관한 과학, 신학적인 관점에 관한 것입니다. CIA가 운영한 스타게이트 프로젝트는 초자연적 힘에 관한 과학적 검증의 결과입니다. 그러나 종교적 믿음 체계는 신의 개념과 그들의 능력에 대한 다양한 설명을 제공합니다. 다음은 몇 가지 관점입니다.

CIA는 1970년대 소련의 정신 공학 연구와 원격 관찰에 대한 소문에 대해 우려했습니다. 당연히 CIA는 심령 현상과 군사 및 정보 목적으로의 스타게이트 프로젝트로 알려진 초능력에 대한 자체 비밀 조사를 시작하였습니다. 그리고 이 프로젝트는 30년간 진행되었습니다. 스타게이트 프로젝트를 지원하던 일부 전문가가 사기꾼으로 밝혀졌는데, 초능력자라고 불리기도 했지만 속임수로 밝혀져 마술사로만 활동하고 있는 유리 겔라도 여기에 포함됩니다. 결국 CIA는 스타게이트 프로젝트를 실패로 간주하였습니다. 즉, 인간이 가진 초능력은 과학적 사실이 아닌 것으로 밝혀졌습니다.

이에 반해 대부분의 종교적 전통은 신이 인간을 넘어서는 초자연적 힘을 가지고 있다고 주장합니다. 이들은 신을 물리적 세계의 한계 밖에 존재하는 초월적 존재로 묘사합니다. 이러한 믿음에 따르면, 신의 힘은 인간의 환상이 아니고 신성한 본성의 진정한 표현입니다. 그러나 신이 가진 초자연적 힘에 회의론적인 사람들은 신으로부터 기인하는 초자연적 힘이 인간의 환상이라고 주장합니다. 그들은 신의 초자연적 능력은 인간이 자연 현상을 설명하거나 도덕적이고 윤리적인 안내자 역할을 위해 창조한, 의인화된 구조라고 제안합니다. 이 관점에서 신의 초자연적 힘은 신성한 존재의 내재적인 측면보다는 인간의 호기심과 열망에 대한 환상을 투영한 결과로 보입니다.

궁극적으로 신들이 가진 초자연적 힘에 대한 믿음은 다양한 문화, 종교나 철학적 시스템에 따라 크게 달라질 수 있다는 점에 주목하는 것이 중요합니다. 그리고 신과 그의 힘에 대한 해석은 매우 주관적이며 개인적, 문화적, 종교적 맥락에 의존합니다. 따라서 신의 초자연적 힘이 환상을 투영한 결과인지 아니면 신성의 진정한 표현인지에 대한 문제는 개인적인 믿음, 철학적 해석 및 종교적 신념의 문제로 이에 대해 다른 견해가 존재할 수 있습니다.

16. 역사적이고 문학적인 개론

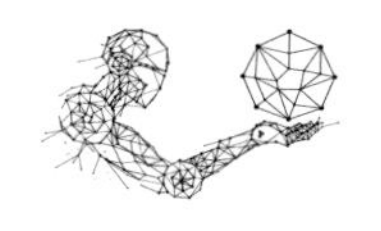

성경의 첫 부분인 구약성경은 어떻게 만들어지게 되었나요?

기독교 성경의 첫 부분인 구약성경은 종교적인 문서들의 모음으로, 유대교에서도 신성한 문서로 여겨집니다. 구약성경은 가르침과 교훈, 이스라엘 백성이 광야 생활을 끝내고 다시 돌아올 때까지 그 과정의 기록, 시, 노래와 미래에 일어날 일이나 신의 뜻을 사람들에게 전하는 다양한 장르의 문학을 포함하고 있습니다. 그러나 구약성경이 어떻게 생겨났는지에 대한 과정은 복잡하지만, 일반적인 개요는 다음과 같습니다.

구약성경의 많은 이야기와 가르침들은 처음에는 구두로 전해졌습니다. 즉, 구약성경은 구어적인 이야기와 가르침을 통해 보존되고 전달되었습니다. 그러나 시간이 흐르면서 몇몇 구어적인 이야기와 가르침이 기록되기 시작하였습니다. 특히 기원전 6세기 유대인들이 강제로 바빌론으로 끌려가 그곳에서 70년 동안 유배 생활을 했던, 바빌로

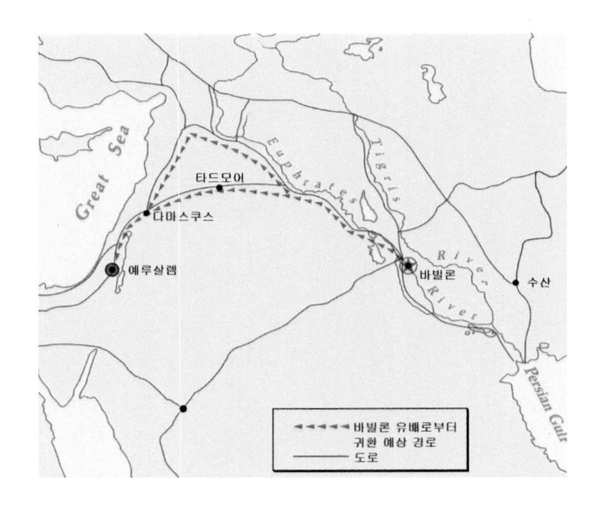

니아 유배와 같은 역사적 사건은 이들의 기록에 중요한 역할을 했습니다.

이스라엘 성직자나 율법학자는 이 기간에 그들의 문화적, 종교적 정체성을 지키기 위한 수단으로 구어적인 이야기와 가르침을 보존하기 위해 노력했습니다. 그 후 망명에서 돌아온 뒤 성직자나 율법학자는 종교적 전통을 보존하고 전승하기 위해 구어적인 이야기와 가르침의 출처를 수집하고 문서로 편집하고 정리하는 작업을 했습니다. 이 작업은 유대인 공동체마다 달랐고 오랜 기간에 걸쳐 일어났습니다. 특히 이 작업은 특정 문서를 권위적이고 신성한 것으로 인식하는 과정으로 발전하였습니다.

이처럼 구약성경의 형성은 유대교와 기독교 모두에 있어 종교적, 문화적 중요성을 지닌 고대 문헌의 보존, 편찬과 인식을 포함하며 역사적, 문학적인 긴 과정의 결과입니다. 그러나 수 세기에 걸쳐 기록된 구약성경은 시간이 지남에 따라 변형, 편향, 문화적 맥락이 더해지면서 다른 버전이 나왔다는 점에 유의하는 것이 중요합니다.

구약성경의 저자 및 기록 시기의 정확한 정보는 어떻게 되나요?

히브리어 성경으로도 알려진 구약성경은 수 세기에 걸쳐 집필된 여러 책으로, 저자와 기록 시기는 현재 진행 중인 학술적 논쟁의 주제입니다. 따라서 명확한 답변을 제공하기는 어렵지만, 일반적인 이론에 대한 개요를 제공할 수 있습니다. 다음은 크게 율법서, 역사서, 시가서 및 예언서 등으로 나누어져 있는 구약성경에 대한 몇 가지 일반적인 사항입니다.

율법서인 창세기, 출애굽기, 레위기, 민수기와 신명기로 알려진 구약성경의 첫 다섯 권은 모세에 의해 집필된 것으로 알려져 있습니다. 그러나 현재는 모세에 의해 집필되었다기보다는 긴 기간에 걸쳐 다양한 출처의 문서를 통합하고 이를 편집한 결과로 추정하고 있습니다. 예를 들어 출애굽기와 같은 초기의 몇몇 문헌은 모세가 존재했다고 추정되는 기원전 14~13세기보다 나중인 기원전 12세기경에 집필된 것으로 추정됩니다.

역사서인 사무엘, 열왕기, 연대기와 같은 책들은 이스라엘 사람들이 약속의 땅에 들어간 이후부터 바빌로니아 유배까지 그들의 역사를 다루고 있습니다. 이 범주에 속하는 다양한 책들은 몇 세기에 걸쳐 구성된 것으로 보이며, 어떤 부분은 초기 군주 시대로 거슬러 올라가고 다른 부분은 유배 기간 또는 유배 후에 집필된 것으로 추정됩니다.

시가서인 시편, 잠언, 전도서 같은 책들은 전통적으로 솔로몬을 포함한 많은 저자가 집필했다고 알려져 있습니다. 일부 지혜서는 솔로몬 시대인 기원전 10세기에 집필된 것으로 추정되지만, 시편은 수 세기에 걸쳐 집필된 것으로 추정됩니다.

예언서인 이사야, 예레미야, 에스겔과 같은 예언자들의 책은 기원전 8세기에서 5세기 사이에 걸쳐 집필되었을 가능성이 큽니다. 그리고 예언자들의 글은 기원전 8세기에서 5세기까지의 당시의 역사적 맥락을 반영했다고 볼 수 있습니다.

궁극적으로 구약성경은 모세, 다윗, 솔로몬, 이사야, 예레미야 같은 저자들에 의해서 집필된 것으로 알려져 왔습니다. 그러나 현재는 구약성경의 집필 시기가 기원전 2,000년부터 기원전 2세기까지의 방대한 기간에 이루어진 것으로 추정되어, 이들보다는 이들의 후손에 의해 집필되었고 시간이 지남에 따라 편집되었을 가능성이 크다고 보고 있습니다. 따라서 구약성경은 수 세기에 걸쳐 여러 저자 및 편집자나 공동체가 참여하는 문학적, 역사적인 복잡한 과정의 결과라고 볼 수 있습니다. 이러한 이유로 구약성경 내 개별 문서의 정확한 저자와 연대는 수 세기에 걸친 구성, 수정 및 전송의 복잡한 특성 때문에 추정이 어려울 수 있습니다. 그리고 여기서 주목할 점은 많은 구약성서의 집필 시기와 저자에 대한 학술적 논의가 아직 계속되고 있다는 것입니다.

구약성경이 수 세기에 걸쳐 신학적, 역사적 관점에 맞게 추가하고 수정되었는데 객관적 증거로서 가치가 있나요?

구약성경은 고대 이스라엘 민족과 주변 문화의 종교적, 사회적, 역사적 관점을 통찰할 수 있는 귀중한 역사와 문화에 관한 문서입니다. 구약성경은 당시의 믿음과 실천을 엿볼 수 있는 신화, 법, 시, 예언, 계보나 역사적 서사 등 다양한 문학 장르를 담고 있습니다. 그러나 구약성경은 일반적으로 현대의 역사적, 과학적 문서와 같은 객관적인 증거로는 취급되지 않습니다.

왜냐하면 구약성경은 현대 역사학에서 사용되는 증거와 검증의 기준과 일치하지 않을 수 있는 기적적인 사건, 신의 개입이나 초자연적인 사건에 대한 설명을 포함하고 있습니다. 그리고 구약성경은 수 세기에 걸쳐 필사, 번역과 해석을 거쳤으며 이 과정에서 내용 이해에 영향을 미치는 변형, 편향, 문화적 맥락이 도입되었습니다. 이러한 이유로 구약성경은 과학적 문서라기보다는 주로 유대교와 기독교를 포함한 다양한 신앙 전통에서 신학적이고 영적인 의미를 가지는 종교적 문서로 취급되고 있습니다.

궁극적으로 구약성경은 고대 사회의 믿음과 실천에 대한 귀중한 통찰력을 제공할 수 있습니다. 따라서 구약성경을 객관적인 역사적 자료나 과학적 자료로 사용하는 데는 신중한 고려가 필요합니다. 이러한 이유로 구약성경의 역사적 정확성을 이해하기 위해 학자들은 역사적, 문학적, 고고학적 방법을 조합하여 접근하고 있습니다.

구약성경에 나오는 아담과 이브 이야기는 세상에서 가장 오래된 역사라기보다는 신화가 아닌가요?

에덴동산에 있는 아담과 이브의 이야기에 따르면 약 6,000년 전에 완전한 형태의 인간으로 아담과 이브가 창조되었습니다. 그들은 생물학적 조상이 없는 최초의 인간이었고, 최초의 부부였으며, 최초의 부

모였으며 전체 인류의 유일한 조상이었습니다. 이를 믿는 종교적 전통은 첫 주의 첫 번째 금요일에 아담과 이브를 창조하신 일을 하나님의 직접적인 행위라고 합니다.

예를 들어 유대교, 기독교, 이슬람교와 같은 아브라함 종교들은 이 이야기를 단순한 신화 이상의 것으로 간주합니다. 그리고 그들에게 아담과 이브는 신에 의해 창조된 최초의 인간이라는 신학적, 도덕적 의미를 지닌 중요한 종교적 믿음입니다. 왜냐하면 성경에 아담과 이브가 최초의 인간으로 창조되었다고 했는데 그렇지 않은 것으로 밝혀지면 성경이 권위를 상실하기 때문입니다.

아브라함 종교들의 가르침과 교리는 아담과 이브를 그들에 대한 믿음이 하나님과의 인간관계를 형성하는 데 결정적인 역할을 한 실제 역사적 인물로 보고 있습니다. 그러나 일부 종교 단체와 학자들은 이 이야기를 문자 그대로의 역사적 사건이라기보다는 신학적 개념에 대한 은유나 상징적 표현으로 해석합니다. 즉, 아담과 이브는 오늘날 사람들이 사용하는 '역사적'이라는 의미에서는 역사적이지 않지만, 창세기의 기록은 하나님과 하나님에 대해 중요한 영감을 주는 신학적 진리를 의미한다고 합니다.

궁극적으로 많은 신자에게 종교적 믿음의 근본으로 여겨지는 아담과 이브의 이야기는 일부 종교 단체와 학자들조차 은유나 상징적 표현으로 해석하고 있습니다. 따라서 아담과 이브를 역사적 인물로 보는 관점이 보편적으로 받아들여지는 것은 아니라는 점에 주목하는 것이 중요합니다. 그리고 종교적 문서의 해석은 개인, 종교적 종파나 학문적 전통에 따라 다를 수 있습니다.

구약성경은 종교서라기보다 이스라엘의 신화적 이야기에 더 가깝지 않나요?

성경이라는 단어가 원래 '책'을 의미하듯이, 구약성경은 고대 이스라엘의 역사와 신화를 묘사한 종교 서적이자 이야기 모음집으로 볼 수 있습니다. 여기에는 역사 기록, 족보, 법률, 시, 지혜 문학이나 예언서와 같은 다양한 문학 장르가 포함되어 있습니다. 그리고 구약성경에서 발견되는 이야기에는 창조 이야기, 인류의 기원, 모세, 다윗, 솔로몬과 같은 전설적인 인물의 모험과 같은 신화적 요소가 포함됩니다. 이러한 이야기는 이스라엘 백성의 기원, 하나님과의 관계, 종교적, 문화적 정체성의 발전을 설명하는 역할을 합니다.

많은 개인과 종교 공동체는 구약성경을 도덕적, 영적, 법적 가르침을 담고 있는, 하나님과 인류의 상호 작용에 대해 신성한 영감을 받은 기록으로 간주합니다. 그들에게 구약성경은 신화적인 요소를 넘어 종교적, 윤리적, 신학적 의미를 담고 있습니다. 또한 구약성경은 유대교, 기독교, 이슬람교 내에서 신성한 문서로 높이 평가됩니다. 그러나 현대적 관점에서 구약성경은 여러 사람의 작품 중 몇 가지를 추려 모은 책, 즉 고대 이스라엘과 초기 유대교 저작물의 선집으로 보고 있습니다. 왜냐하면 구약성경은 하나님에 의해 한데 모아 전해진 것이 아니라 여러 종교 단체의 지도자들이 수 세기에 걸쳐 일련의 결정을 내린 것들의 결과물로 볼 수 있기 때문입니다.

궁극적으로 구약성경 안에서 발견되는 이야기는 고대 이스라엘 사회의 신념, 가치관이나 세계관을 반영하는데 이는 현대의 관점과 다를 수 있습니다. 따라서 구약성경이 집필될 당시의 종교적, 역사적 맥락을 이해하면서 구약성경에 접근하여 그 의미를 포괄적으로 이해하는 것이 중요합니다.

구약성경이 여러 사람의 작품 중 몇 가지를 추려 모은 책이라면 구약성경이 하나님의 절대적 권위를 가진 영감이라기보다는 몇몇 작가의 상상력을 글로 표현한 것이 아닌가요?

역사가들은 기원전 8세기 유다의 히스기야 통치 기간에 왕실 서기관이 왕실 역사와 영웅적 전설을 기록한 결과가 구약성경이라고 믿고 있습니다. 그리고 구약성경이 신성한 영감의 표현인지 또는 작자의 상상력을 표현한 것인지에 관한 질문은 학자, 신학자나 다른 종교적 믿음을 가진 개인들 사이에서 논쟁과 해석의 주제입니다. 이 문제에 대한 견해는 구약성경에 접근하는 관점에 따라 크게 다를 수 있습니다.

종교적 관점에서 유대교, 기독교나 이슬람교의 신자들은 히브리어 성경으로도 알려진 구약성경이 신성한 영감을 받았다고 믿습니다. 따라서 그들은 구약성경을 인류에 대한 하나님의 계시를 담고 있는 신성한 문서로 여깁니다. 이 믿음에 따르면 구약성경의 저자들은 하나님의 메시지, 율법, 가르침을 세상에 전하기 위해 하나님의 인도나 영감을 받았습니다.

그러나 역사적, 문학적 관점에서 구약성경은 오랜 기간에 걸쳐 다양한 작가들이 기록한 고대 기록의 모음으로 분석합니다. 그리고 일부 학자들은 구약성경의 특정 부분이 당시의 문화적, 사회적, 정치적 상황에 의해 영향을 받았다고 보고 있습니다. 따라서 구약성경은 직접적인 신성한 구술보다는 작가의 관점과 신념을 반영했다고 보고 있습니다.

이처럼 종교 공동체와 학자들 사이에서 구약성경에 대한 서로 다른 해석이 존재한다는 점에 유의하는 것도 중요합니다. 궁극적으로 어떤 사람들은 구약성경의 신성한 영감을 강조하는 반면, 다른 사람들은 저자의 인간적 측면을 더 강조할 수 있습니다. 따라서 구약성경의 본질에 대해 어떻게 인식하느냐는 개인의 믿음, 신앙 전통이나 본문에 접근하는 관점에 따라 달라질 수 있습니다.

17. 신화와 역사의 사이에서

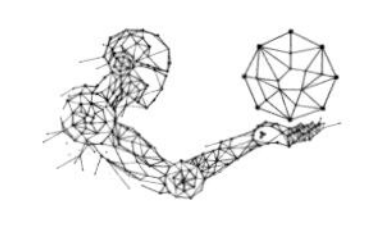

구약성경에 나오는 예언서에 기록된 내용과 대표적인 예언에는 어떤 것이 있나요?

구약성경의 예언서에는 하나님의 사자로 여겨졌던 예언자, 즉 선지자들이 전한 다양한 예언이 있습니다. 이들은 꿈이나 환상을 통하여 미래에 일어날 사건, 경고, 회개와 희망 등 다양한 예언, 즉 하나님의 말을 전달하고자 하였습니다. 다음은 여러 예언서에 등장하는 대표적 예언의 예입니다.

스가랴는 하룻밤 사이에 일련의 8가지 환상, 즉 8가지 꿈을 꾸게 됩니다. 스가랴는 이를 바탕으로 이스라엘의 미래를 위한 하나님의 계획, 메시아의 오심과 미래의 메시아 시대에 대해 예언했습니다. 그리고 아모스는 하늘의 심판이 반드시 내릴 것을 예언했습니다. 그는 이스라엘의 사회적 부정과 종교적, 도덕적 퇴폐를 신랄하게 규탄하고 회개와 도덕적 회복을 촉구했습니다. 또한 다니엘은 기괴한 짐승 4마

리가 바다로부터 올라오는 꿈을 꾸었습니다. 그는 꿈을 바탕으로 다양한 짐승으로 상징되는 바빌로니아, 페르시아, 그리스, 로마 제국을 포함한 여러 제국의 흥망성쇠에 대해 예언했습니다.

예레미야는 예루살렘의 멸망과 백성들이 포로로 잡혀 바빌론으로 끌려갈 것에 대해 예언했습니다. 그의 예언은 회개의 필요성과 하나님과의 새 언약의 약속을 강조했습니다. 그리고 이사야는 메시아의 오심에 대해 예언했습니다. 그의 예언은 이스라엘의 불순종으로 인해 임박한 심판과 유배에 대해 경고했습니다. 이에 반해 호세아는 음란한 창녀와 결혼하고 이를 통해서 하나님이 음란한 이스라엘과 결혼하실 것임을 예언하고 있습니다. 그의 예언은 문제가 있는 자신의 결혼생활을 하나님께 대한 이스라엘의 불충실함과 관련지어 은유적으로 표현하였지만, 결국 하나님과 이스라엘의 회복과 화해에 대해서 말하고 있습니다. 즉, 호세아 개인의 삶 자체가 예언적 메시지라고 말할 수 있습니다.

이처럼 선지자들은 고유한 메시지와 초점을 가지고 하나님의 말을 전달하고자 노력했습니다. 그리고 이 예언들은 39권의 구약성경 중 이사야부터 말라기까지 17개의 예언서에 나오는 예언 중 몇 가지에에 불과합니다. 그러나 구약성경 이사야서에서 "그것은 꿈같고 밤의 환상 같을 것이다"라고 언급한 것처럼 꿈과 환상은 예언서에서 거의 같은 의미로 사용됩니다. 따라서 선지자들의 예언은 하나님의 말을 전달한다기보다는 그들이 꾼 꿈의 개인적 해석이라고 볼 수 있습니다.

구약성경의 예언과 근동의 원시종교 예언 사이의 유사점에는 어떤 것이 있나요?

구약성경의 예언과 근동 원시종교의 예언 사이에 관찰될 수 있는 몇 가지 일반적인 유사점이 있습니다. 그러나 유사점이 구체적인 표현까지 포괄하는 것은 아니라는 점을 이해하는 것이 중요합니다.

구약성경과 근동 원시종교 예언은 인간과 신의 영역 사이의 소통을 포함합니다. 예를 들어 예언자들은 신이나 더 높은 힘으로부터 메시지, 비전, 꿈이나 통찰력을 받는다고 주장합니다. 그리고 그들은 국가의 운명, 전투의 결과나 자연 현상과 관련이 있는 미래의 사건에 대한 통찰력을 가지고 있다고 주장합니다. 따라서 그들의 예언은 미래의 사건에 대한 예측이나 공동체에 대한 경고나 지도를 포함합니다. 이러한 메시지들은 특정한 행동이나 의식을 장려할 수도 있고, 부정적인 결과를 피하려고 신의 명령을 지키는 것의 중요성을 강조하기도 합니다.

구약성경과 근동 원시종교 예언자들은 인간과 신의 영역 사이의 매개자 역할과 의사소통의 통로 역할을 한다고 주장합니다. 그들의 예언은 때때로 상징적, 은유적인 표현을 사용합니다. 이러한 표현을 해석하는 과정에서 다양한 해석이 존재할 수 있습니다. 그리고 그들의 예언은 그 기원에 상관없이 도덕적이고 윤리적인 행동을 강조합니다. 이를 통해 신에 대한 믿음을 유지하기 위해 개인과 공동체에 특정 행동 강령을 고수할 것을 요구하기도 합니다.

궁극적으로 구약성경과 원시 근동의 예언 사이에는 이러한 유사성은 존재하지만 구체적인 표현은 각 종교적 전통의 특정한 믿음, 관행이나 역사적 배경에 따라 크게 달라질 수 있습니다.

그렇다면 구체적으로 근동의 원시종교에서 나온 예언 중 구약성경의 예언과 비슷한 예는 어떤 것이 있나요?

근동의 원시종교에서 나온 예언의 몇 가지 예는 구약성경의 예언과 유사합니다. 이러한 유사성은 공통된 문화적 영향이나 특정 주제에 대한 일반적인 인간의 성향 때문일 수 있다는 점에 주목하는 것이 중요합니다. 그리고 다음은 몇 가지 예입니다.

고대 메소포타미아의 시 「길가메시의 홍수」에 대한 예언적 경고는 노아의 방주 이야기와 매우 유사한 홍수 이야기를 담고 있습니다. 두 이야기 모두에서 신은 부패를 없애기 위해 세상을 홍수로 정리할 것을 결심합니다. 이때 주인공은 임박한 홍수로부터 자신과 가족, 그리고 다양한 동물들을 구하기 위해 큰 배를 짓도록 지시받습니다. 그리고 홍수가 난 후 주인공은 마른 땅을 찾기 위해 새들을 내보냅니다.

이집트의 종교는 예언과 신성한 의사소통의 요소를 가지고 있었습니다. 예를 들어 이집트의 신 호루스의 탄생에 관한 이야기는 예언적인 꿈과 신성한 메시지를 포함합니다. 마찬가지로 창세기에 나오는 요셉의 이야기도 예언적인 꿈과 신성한 메시지를 특징으로 합니다. 두 종교 모두 꿈을 신성한 의사소통으로 보고 꿈의 해석을 신성한 메시지, 즉 예언이라고 강조합니다.

고대 페르시아의 종교인 조로아스터교에는 사오시안트로 알려진 미래의 구세주 인물에 대한 예언이 있습니다. 예언에 따르면 세 분의 사오시안트가 천 년 간격으로 오신다고 알려졌습니다. 이 예언에서 사오시안트는 악의 최후 패배와 죽은 자들의 부활을 가져올 것으로 묘사합니다. 이 이야기는 구세주가 구원을 가져오고 정의롭고 평화로운 왕국을 세울 것으로 기대되는 구약성서의 메시아 예언과 유사합니다.

고대 메소포타미아 신화에서 이슈타르가 저승으로 내려온 이야기는 구약성서에 나오는 부활의 예언과 유사합니다. 사랑과 다산의 여신 이스타르는 죽은 자의 영역으로 내려갔다가 결국 살아 있는 자의 땅으로 돌아갈 수 있게 되는데, 이 이야기는 예수의 부활 이야기와 유사합니다.

궁극적으로 이와 같은 예들은 근동 간에 사상과 주제에서 문화적 교류가 있었음을 의미합니다. 따라서 근동의 원시종교에서 나온 예언과 구약성경 예언의 내용은 다양하지만, 신의 개입 및 선과 악 사이의 투쟁이나 더 나은 미래의 희망에 대한 예언은 비슷하다고 볼 수 있습니다.

예언자는 어떤 인물인가요? 그리고 그들의 주관적 해석이 하나님의 뜻이라는 것은 신화적 이야기가 아닌가요?

다양한 종교적 전통에서 예언자는 신과 인간 사이의 중개자로 여겨집니다. 이처럼 예언자가 신성한 존재의 의지를 전달하기 위해 전달자로 선택되는 것에 대한 믿음은 많은 종교적 전통의 근본적인 측면입니다. 또한 예언자는 사람들에게 중요한 메시지를 전달하기 위해 신에 의해 선택되었다고 믿어집니다. 이러한 메시지는 도덕, 윤리, 사회적 행동이나 영적인 지도의 문제들과 관련이 있습니다. 그리고 종교적 전통마다 다양한 예언자를 가지고 있습니다.

예언자는 유대교, 기독교나 이슬람교에서 중심적인 인물들입니다. 예를 들어 유대교와 기독교에서는 모세, 아브라함이나 이사야와 같은 인물들이 하나님의 메시지와 지침을 사람들에게 전달한 예언자로 여겨집니다. 이슬람교에서는 아담, 아브라함, 모세, 예수나 무함마드를 포함한 많은 예언자를 인정합니다. 이에 반해 많은 토착 및 전통적 믿음은 영적 영역과 소통하고 공동체에 지침을 제공하는 그들만의 영적 지도자와 예언자를 가지고 있습니다. 그러나 불교는 전통적

인 예언자 개념을 가지고 있지 않습니다. 하지만 부처는 깨달음을 얻고 고통의 본질과 해방의 길에 대한 통찰력을 공유한 스승으로 여겨집니다.

예언자들 사이에서 종교적 전통이나 소명의 모습이 다르긴 해도, 이들은 공통점을 가지고 있습니다. 이들 예언의 공통점은 우리가 잠자는 동안 뇌가 만들어내는 이야기이자 이미지인 꿈을 주관적으로 해석하고 이를 신의 뜻이라고 주장합니다. 따라서 회의론자들이나 이러한 믿음을 고수하지 않는 사람들에게는, 이러한 초자연적인 요소들 때문에 예언이 은유적이고 상징적이며 신화적인 것으로 보일 수 있습니다. 그러나 종교적 믿음 안에 있는 사람들에게 예언은 사실적 의미를 지닙니다. 이처럼 종교적인 이야기들에 대한 믿음과 해석은 매우 다양할 수 있습니다.

또한 구약성경에 나오는 모세의 이야기에는 신화적 요소가 많이 있습니다. 그렇다면 십계명도 참이 아닐 수 있지 않나요?

전통적으로 시내 산에서 하나님이 모세에게 주신 것으로 이해되는 십계명의 중요성은 윤리적, 도덕적 원칙에 있습니다. 이러한 원칙은 종교적, 도덕적 가르침의 근본으로 간주합니다. 이처럼 십계명은 구약성경의 중심임에도 불구하고 13세기까지 유대교나 기독교에서 이에 대해 특별히 중요하게 생각하지 않았습니다. 십계명이 중요성을 갖게 된 것은, 이후 기독교 종교 훈련의 기본 부분인 교리문답에 십계명이 포함되면서부터입니다.

성경을 신성한 텍스트로 보는 사람들에게 십계명의 신성한 기원은 종교적 믿음의 문제입니다. 그러나 역사적 관점에서 볼 때 하나님이 시내 산에서 모세에게 십계명을 준 일을 포함하여 성경에 묘사된 사건들을 독립적으로 확인하거나 확증하기 어려울 수 있다는 점은 주목할 가치가 있습니다. 특히 모세의 존재에 대한 증거도 아직 발견되지 않았습니다. 따라서 모세의 이야기와 십계명을 준 일에는 신화나 전설로 간주할 수 있는 요소가 포함되어 있습니다.

그러나 십계명에 대한 믿음은 종교적 신앙의 문제이며, 모세의 이야기와 십계명을 준 이야기는 신화적 요소를 포함하면서도 중요한 종교적, 도덕적 가르침을 전달하는 맥락으로 볼 수 있습니다. 그리고 종교적 맥락 내에서 초점은 십계명의 역사적 진실성보다는 도덕적 중요성에 있다는 점에 유의해야 합니다. 또한 십계명에 대한 역사적 문서와 고고학적 증거는 제한적이어서, 십계명에 대한 해석에는 어느 정도 참이 아닐 수 있다는 추측이 포함될 가능성이 있습니다.

신화적 요소를 포함한다는 것은 구약성경이 신성한 영감이라기보다는 신화에 가깝다는 의미 아닌가요?

구약성경에 나오는 창조설이나 홍수설과 같은 이야기들은 문자 그대로의 역사적 사건이라기보다는 상징적이거나 은유적인 것으로 해석할 수 있습니다. 그러나 신화라는 용어는 다른 맥락에서 다른 의미가 있을 수 있으므로, 구약성경을 신화로 분류하는 것은 신화라는 용어의 관점과 정의에 달려 있습니다.

신화가 순전히 허구이고 역사적 또는 사실적 근거가 부족한 이야기나 전설을 의미한다면, 구약성경 전체를 신화로 분류하는 것은 정확하지 않습니다. 구약성경은 역사적인 설명, 시, 예언이나 지혜 문학 등 다양한 문학 장르를 포함하고 있지만, 구약성경은 많은 사람이 역사적인 근거가 있다고 믿는 어떤 사건에 대한 의미 있는 시간적 과정의 서술을 포함하고 있습니다.

따라서 만약 신화라는 용어를 문자 그대로 사실이 아니더라도 더 깊은 진실과 의미를 전달하는 이야기를 언급하기 위해 사용한다면, 구약성경 일부를 그런 식으로 해석할 수도 있습니다. 이는 구약성경이 신학적, 도덕적, 영적인 가르침을 전달하는 데 사용되는 신화, 상징성이나 우화의 요소들을 많이 포함하고 있기 때문입니다.

궁극적으로 종교문서의 해석은 개인, 종교 전통이나 학자에 따라 다를 수 있습니다. 어떤 사람들은 구약성경 전체가 신성한 영감을 받았다고 생각하는 반면, 다른 사람들은 더 비판적이거나 은유적인 관점에서 접근할 수 있습니다. 이처럼 구약성경의 본질과 영감에 대한 견해는 크게 다를 수 있습니다. 따라서 종교문서의 해석과 이해는 개인적인 믿음의 문제이며, 개인과 종교 공동체마다 다를 수 있습니다.

18. 부활과 고대 신화

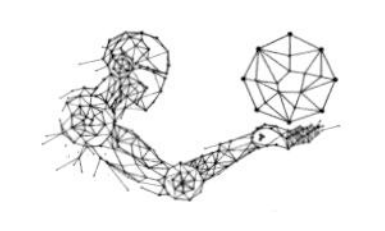

신약성경은 어떤 내용을 포함하고 있나요? 그리고 바울이 다마스쿠스로 가는 길에서 부활하신 예수와 만났다는 이야기는 어떤 것인가요?

신약성경은 기독교인들에 의해 신성하게 여겨지는 종교적인 문서들의 모음입니다. 그리고 신약성경은 구약성경에 이어 기독교 성경의 두 번째 부분으로서 기독교 교리와 실천의 토대를 제공합니다. 신약성경을 크게 나누면 다음과 같은 여러 다른 유형의 글로 구성되어 있습니다.

신약성경에는 예수의 가르침이나 행적과 예수의 기쁜 소식을 전하는 마태복음, 마가복음, 누가복음, 요한복음과 같은 4개의 복음서가 있습니다. 그리고 예수의 복음이 유대인으로부터 비 유대인에게로 전파된 과정을 기록한 행동의 책이라고도 알려진 사도행전이 있습니다. 사도행전은 예수의 복음이 사도들에 의해 예루살렘에서부터 시작하여 유대와 사마리아를 거쳐 이방 세계인 로마까지 전파되는 선교의 역사를 기록한 책입니다. 즉, 사도행전은 예수의 승천 이후 초기 기독교 공동체를 따르는 역사적인 이야기로 바울의 선교 여행과 베드로의 사역에 초점을 맞추고 있습니다.

또한 신약성경에는 초기 기독교 지도자들이 다양한 개인, 교회나 공동체에 쓴 편지 모음이 포함되어 있습니다. 여기에는 바울에게 귀속된 편지와 베드로, 요한, 야고보나 유다와 같은 다른 인물들의 편지가 포함됩니다. 그리고 마지막 책인 요한계시록은 종말 사건들을 매우 상징적으로 표시한 예언의 책으로 예수의 귀환과 최후의 심판에 대한 비전과 예언을 담고 있습니다.

바울이 다메섹으로 가는 길에 예수를 만났다는 이야기는 사도행전에 나와 있습니다. 사도행전에 따르면 당시 사울로 알려진 바울은 기독교인들을 박해할 목적으로 다메섹을 여행하고 있었는데 갑자기 하늘에서 밝은 빛이 그의 주위를 비추더니, 밝은 빛이 땅에 떨어졌습니다. 그리고 그는 "사울아, 사울아, 어찌하여 나를 박해하느냐?"라고 말하는 소리를 들었습니다. 사울이 "누가 말하고 있느냐?"라고 물으니, 그 목소리는 자신이 박해하던 예수임을 밝혔다고 합니다.

이 만남으로 사울은 눈이 멀었고 다메섹으로 이끌려 간 사울은 시력을 되찾은 후 바울이라는 이름을 택하여 예수의 사도가 되었습니다. 이처럼 바울이 다메섹으로 가는 길에 개종했다는 이야기는 기독교 초기 역사에서 중요한 사건으로 기독교인들에게 진실로 받아들여지고 있습니다. 또한 그것은 신약성경에서 바울이 그의 믿음을 바꾸고 기독교의 전파에 가장 영향력 있는 인물 중 한 명이 되도록 이끈 전환적인 경험으로 묘사됩니다. 그러나 이 사건을 입증하는 다른 출처나 동시대 목격자의 역사적 설명은 없다는 점에 유의해야 할 필요가 있습니다.

고대 신화에도 예수의 부활과 비슷한 예가 많이 있다고 합니다. 그 예에는 어떤 것이 있나요?

고대 여러 문화권에도 부활이나 죽은 자의 귀환이라는 주제를 포함하는 신화가 많이 있습니다. 다음은 예수의 부활과 약간의 유사점을 가지고 있는 몇 가지 예입니다.

메소포타미아 신화에 초목과 다산의 신 탐무즈가 죽어서 저승으로 갔을 때, 연인 이난나가 그를 구하기 위해 저승으로 여행을 떠났다는 이야기가 있습니다. 결국 이난나에 의해서 탐무즈는 살아 있는 세계로 돌아갈 수 있게 되었다고 합니다. 이 신화는 삶, 죽음과 부활의 순환을 나타내고 있습니다. 그리고 이집트 신화에 죽음과 부활의 신 오시리스가 동생 세트에게 살해되어 토막이 났지만, 아내 이시스는 그의 신체 일부를 모아 마법처럼 되살려냈다는 이야기가 있습니다. 이 신화에서도 삶, 죽음과 부활은 순환적인 관계를 하고 있습니다.

그리스 신화에서 술과 황홀경의 신 디오니소스는 티탄에 의해 찢기고 벼락을 맞았지만, 나중에 그의 심장에서 다시 태어났다는 이야기가 있습니다. 죽은 뒤 부활했다고 하는 이 이야기는 생명과 죽음, 그리고 자연과 신성의 연관성을 상징하고 있습니다. 그리고 프리기아 신화에 초목 및 재탄생과 관련된 신 아티스가 인간과 사랑에 빠지자 키벨레가 아들이자 애인이기도 한 그를 미쳐서 자살하게 했습니다. 이후 아티스는 나무의 형태로 부활했다는 이야기가 있습니다. 이 이야기도 자기 변신과 부활이라는 주제를 포함하고 있습니다.

이러한 신화는 예수의 부활과 공통된 주제, 즉 죽음과 부활이나 신과 인간 사이의 연결이라는 주제를 공유하고 있습니다. 따라서 기독교 전통 안에서 예수의 부활은 독특한 사건이지만, 그것의 이야기는 기독교 이전의 다양한 문화에 나타난 광범위한 주제들과 유사합니다.

부활이 다양한 고대종교에 존재했던 믿음이라면 예수의 부활은 고대종교에 나오는 부활을 모방한 것이 아닐까요?

부활한 인물에 관한 이야기는 고대 이집트, 메소포타미아, 그리스 등과 같은 고대 문화의 신화에서 찾을 수 있습니다. 그리고 부활에 관한 생각은 실로 다양한 고대종교와 신화에서 반복되는 주제였습니다. 이러한 광범위한 모티브를 고려할 때, 일부 학자들은 예수의 부활이 고대 문화로부터 영향을 받았거나 이를 모방했을 가능성이 있다고 합니다. 그러나 예수의 부활이 기존의 부활 신화를 모방한 것인지에 대한 논쟁은 학술적 논의의 주제입니다. 다음은 이 논의 과정에서 고려해야 할 몇 가지 핵심 사항입니다.

유대교와 로마 제국의 맥락 안에서 나타난 초기 기독교의 예수 부활을 둘러싼 구체적인 상황과 믿음은 유대교의 역사적, 문화적 맥락에 의해 형성되었습니다. 그리고 기독교가 등장하기 전에 이미 부활은 유대인의 종교적 믿음의 일부였습니다. 예를 들어 미래의 부활에 관한 생각은 이미 다니엘서와 유대인 종말론 문학 같은 몇몇 후기 유대인 문헌에 존재했습니다. 따라서 이러한 믿음들은 예수의 부활에 대한 초기 기독교의 신학적 틀을 제공했을 것입니다.

예수의 부활에 대한 초기 기독교 신앙은 유대교 내에서 너무 급진적인 생각이었습니다. 특히 메시아라는 맥락에서 죽은 자들로부터 살아난다는 생각은 유대인 메시아 신앙 내에서 일반적인 기대가 아니었습니다. 그러나 기독교 신학적 관점에서 예수의 부활은 독특하고 중심적인 위치를 차지하고 있습니다. 그리고 부활은 죄와 죽음에 대한 승리를 의미하는 기독교 믿음의 근본 교리로 여겨집니다.

기독교인들은 예수의 부활이 신화나 문학적 구성이 아닌 역사적 사건이라고 믿고 있습니다. 그러나 일부 학자들은 기독교적 믿음이 예수의 탄생과 십자가에 못 박히심에 기초하며, 부활의 이야기는 이 믿음을 표현하는 방법으로 간주해야 한다고 합니다. 따라서 부활은 믿음의 근거보다는 믿음의 산물이며, 사실의 기록이라기보다는 신화로 볼 수 있습니다.

궁극적으로 예수의 부활을 둘러싼 독특한 맥락과 신학적 중요성은 기독교적 믿음의 중심적인 요소입니다. 따라서 기독교에서 예수의 부활은 독특하고 근본적인 사건으로 여겨집니다. 그러나 예수의 부활에 대한 역사적 증거와 예수의 부활이 근동의 고대종교나 고대 문명의 신화로부터 직접적인 영향을 받았는가에 대한 문제는 학자들 사이에서 논쟁이 되고 있습니다.

근동의 고대종교에 바울이 다마스쿠스로 가는 길에서 부활한 예수를 만난 것과 같은 이야기가 있나요?

근동의 고대종교에도 바울이 다마스쿠스로 가는 길에 부활한 예수를 만난 것과 유사한 이야기들이 있습니다. 이 이야기들은 바울의 예수 만남과 정확하게 유사하지는 않지만 신의 계시, 변형된 경험이나 더 높은 존재와의 만남과 같은 주제적인 유사점을 포함하고 있습니다. 다음은 근동의 고대종교에 나오는 몇 가지 예입니다.

고대 페르시아에서 기원한 조로아스터교는 고대종교로서 기독교, 이슬람교와 유대교 등 여러 종교에 영향을 미쳤다고 알려져 있습니다. 조로아스터교에서는 조로아스터가 선의 신으로 창조신이며 태양신이자 예언과 계시의 신인 아후라 마즈다로부터 계시를 받은 환상적인 경험을 했다고 합니다. 이러한 경험을 통해서 조로아스터는 예언자로서의 소명을 받고 조로아스터교를 창시하게 되었다고 합니다. 이 이야기의 구체적인 내용은 바울의 경험, 즉 부활한 예수 만남과는 다르지만 이를 통해서 선교로 이어진다는 주제는 두 이야기 모두 같습니다.

이슬람교에서는 예언자 무함마드가 메카 근처 동굴에서 꿈을 통해 계시받았다고 말합니다. 무함마드와 대화하기 위해 사람의 형태로 온 천사 가브리엘이 그에게 코란의 첫 번째 계시를 낭송하고 그가 하나님의 예언자임을 알려주었다고 합니다. 무함마드는 꿈을 꾸는 동안에 추운 날인데도 땀이 나고, 머리가 아프고, 코골이 소리를 내는 등 다양한 신체적 변화를 느꼈다고 합니다. 바울과 마찬가지로 무함마드가 경험한 가브리엘과의 만남은 생각의 변화와 새로운 종교 운동으로 이어졌습니다.

그 후 무함마드는 여러 번의 계시를 받았고, 그가 받은 것 중 가장 기억에 남는 계시는 밤의 여정이란 이름으로 알려진 무함마드의 승천이라고 합니다. 그 이야기에 따르면 무함마드는 날개 달린 말의 도움으로 일곱 층의 천국으로 올라갔습니다. 그곳에서 그는 위대한 선지자들을 만났습니다. 무함마드는 가장 높은 층에 있는 알라로부터 "무슬림은 하루에 50번 기도해야 합니다"라는, 기도의 요구 사항에 대한 지시를 받았습니다.

그러자 천국 6층에 있는 모세는 무함마드에게 그의 추종자들이 하루에 그렇게 많은 기도를 할 수 없다고 말합니다. 그리고 모세는 무함마드에게 주님께로 돌아가서 추종자들의 부담을 덜기 위해 기도 횟수를 줄여달라는 요청을 하라고 합니다. 무함마드가 이 말을 알라에게 하자 알라는 기도 횟수를 하루 10회로 줄여주었다고 합니다. 모세는 이 역시 기도 횟수가 너무 많다고 말합니다. 그래서 무함마드는 알라와 다시 협상하였고, 알라는 기도 횟수를 하루 다섯 번으로 줄여주었다고 합니다.

고대 이집트 종교에도 신들이나 신적인 존재들과 마주친 개인들의 이야기는 다양한 이집트 신화와 종교적 서사에 널리 퍼져 있었습니다. 이야기에 따르면 신적인 존재들과의 만남이 이들에게는 중대한 삶의 변화로 이어집니다. 이들의 이야기는 바울의 이야기와 직접적으로 일치하지 않으나 신의 계시, 변형된 경험 및 더 높은 존재와의 만남이라는 측면에서 유사하다고 볼 수 있습니다.

궁극적으로 이 예들은 바울이 예수를 만난 것과 완벽하게 일치하지는 않지만, 고대 근동의 종교적인 이야기들도 바울이 부활한 예수를 만난 것과 같은 신과의 직접적인 교감을 강조하였습니다. 이러한 신과의 직접적인 교감은 종교적 전통들이 가지고 있는 공통적인 주제로, 신성한 경험을 통해 변형되고자 하는 인간의 공통된 의지의 표현으로 볼 수 있습니다.

그렇다면 바울이 본 예수의 부활은 사실이라기보다는 그의 믿음에 대한 환상이 아닌가요?

다른 문명의 종교들도 부활이나 사후의 삶에 대한 개념을 둘러싼 다양한 믿음과 신화를 가지고 있었습니다. 이처럼 부활이나 사후의 삶에 대한 믿음은 역사를 통해 기독교 신앙보다 앞선 다양한 고대 문화에서 실제로 발견됩니다.

기독교 신앙과 전통 안에서 예수의 부활은 신학적이나 영적으로 중요한 의미가 있습니다. 기독교인들은 예수의 부활을 신성함과 죽음에 대한 승리와 영생의 약속을 확인하는 중심적인 사건으로 생각합니다. 즉, 그들에게 부활은 기독교 신앙의 토대로 빈 무덤과 부활한 예수의 모습에 대한 설명을 사실적인 사건으로 간주합니다. 따라서 기독교인들에게 부활에 대한 믿음은 증명이나 논증에 속하는 문제가 아니라 믿음의 문제로 경험적 검증을 초월한다고 볼 수 있습니다. 그러나 역사적 관점에서 예수의 부활은 주로 신약의 본문, 특히 복음서와 초기 기독교 공동체의 글 안에서만 증명할 수 있다는 제한이 있습니다.

궁극적으로 예수의 부활은 신앙의 문제로, 이를 받아들이는 것은 개인과 종교 공동체마다 다를 수 있습니다. 어떤 사람들은 부활을 주로 개인적 신앙과 영적 신념의 문제로 접근하는 반면, 다른 사람들은 부활을 역사적 탐구의 틀 안에서 살펴볼 수 있는 역사적 사건으로 접근합니다. 따라서 예수의 부활에 대한 해석과 수용은 개인의 종교적 믿음, 개인적 경험이나 역사적 근거에 주어진 무게에 달려 있다고 볼 수 있습니다. 그리고 예수의 부활은 종교적, 학술적 맥락에서 계속 논의되고 있는 주제입니다.

그리고 바울의 예수 만남과 같이 신의 존재에 대한 개인적 경험은 개인적인 환상이 아닐까요?

신에 대한 개인적인 경험들은 심리적, 감정적, 문화적, 정신적 요인들의 조합에 의해 형성됩니다. 따라서 이 주제에 대해서는 다른 관점들이 존재하고, 개인들은 그들의 개인적인 믿음과 경험에 근거하여

다양한 관점들을 가질 수 있습니다. 그리고 이러한 경험이 환상인지 진실인지에 대한 문제는 신학적이고 철학적인 논쟁의 문제입니다.

종교적 전통은 신앙과 영적인 연결의 원천으로서 개인적인 종교적 경험에 상당한 강조를 둡니다. 따라서 개인들이 느끼는 개인적인 신앙 경험을 신의 존재, 지도나 초월적 현실의 증거로 해석합니다. 반면에 회의론자들이나 무신론자들은 신에 대한 개인적인 경험이 주관적이며 다양한 심리학적, 신경학적, 문화적 요인들에 기인할 수 있다고 주장할 수 있습니다. 그리고 이들은 이러한 경험들이 의미를 창조하고 패턴을 찾는 인간 능력의 산물이라고 생각할 수 있습니다.

이처럼 어떤 사람들은 그들이 신을 만났거나 경험했다고 진심으로 믿지만, 다른 사람들은 유사한 경험을 다르게 해석하거나 대안적인 설명으로 돌릴 수 있습니다. 궁극적으로 신에 대한 개인적인 경험이 환상인지 진실인지에 관한 질문은 개인적인 믿음, 해석 및 주관적인 경험의 문제로 문화적, 종교적 배경에 따라 달라질 수 있는, 복잡하고 깊이 있는 개인적 질문입니다. 따라서 신에 대한 개인적인 경험은 주관적이며, 개인마다 크게 다를 수 있다는 것을 인정하는 것이 중요합니다.

바울의 편지에 담긴 신학적 교리, 윤리적 가르침이나 기독교적 삶의 지침 등은 예수의 생각이라기보다는 바울의 주관적인 생각이 아닐까요?

바울의 편지에 담긴 신학적 교리와 윤리적 가르침, 기독교적 삶의 지침 등은 바울의 주관적인 생각과 기독교에 대한 이해를 반영한 것이라고 보는 것이 정확합니다. 사도이자 다작 작가로서, 바울은 예수의 지상 사역 중에 예수를 직접 만난 적은 없지만 부활한 예수로부터 계시와 통찰을 받았다고 주장했습니다.

바울은 우리가 교회로 알고 있는 것으로 발전한 기독교 공동체를 설립하는 데 중점을 두었습니다. 기독교 공동체를 설립하고 떠난 후에도 바울은 공동체와 편지로써 예수의 가르침과 삶, 죽음이나 부활의 중요성 등 다양한 문제들을 다루었습니다. 이는 기독교 공동체에 종교적 지침으로 작용하였습니다. 따라서 바울은 초기 기독교 신학과 교리를 형성하는 데 중요한 역할을 했습니다.

하지만 바울의 편지가 예수의 가르침과 어떤 관계가 있는지를 논의하는 데 있어 다양한 견해가 존재합니다. 어떤 사람들은 바울의 편지가 예수의 가르침을 확장하거나 깊이 있는 이해를 제공한다고 믿기도 합니다. 반면에 다른 사람들은 바울의 편지가 그의 개인적인 해석을 담고 있다고 보며, 어떤 부분에서는 바울의 문맥과 문화적 배경을 이해하는 것이 중요하다고 주장하기도 합니다.

결과적으로 바울이 예수의 가르침을 어떻게 이해하고 해석했는지,

그리고 그 가르침을 어떻게 다양한 맥락에 적용했는지에 대해서는 어느 정도 주관성이 있을 수 있습니다. 이러한 주관성은 바울의 문화적 배경, 개인적 경험이나 신학적 관점에서 발생할 수 있습니다. 예를 들어 학자들에 따라 바울의 편지를 다르게 해석할 수도 있는데, 이는 바울의 글에서 파생된 신학적 교리와 윤리적 가르침의 변화로 이어질 수도 있습니다. 따라서 복음서에 나오는 바울의 편지가 기독교인들에게는 중요하고 권위적이지만, 예수의 직접적인 가르침이라고 보기에는 어려움이 있습니다. 그리고 다른 종교적 문서와 마찬가지로 해석과 이해에는 신중한 연구, 맥락 인식, 그것들이 쓰인 역사적이고 문화적인 배경에 대한 고려가 필요합니다.

V

사회적 변화와
상호 작용하는가?

19. 종교와 정치의 결합

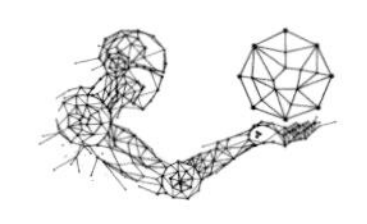

유대교적 환경에서 시작된 기독교가 유대교로부터 분리된 시기와 그 이유는 무엇인가요?

유대교에서 기독교가 등장한 것은 기독교의 중심인물로 꼽히는 예수의 삶, 가르침, 죽음과 부활로 거슬러 올라갈 수 있습니다. 다음은 기독교가 유대인의 뿌리에서 어떻게 발전했는지 기독교의 설명에 기반한 일반적인 개요입니다.

기원후 1세기 초에 이스라엘의 베들레헴에서 태어난 예수는 나사렛에서 자랐고 30세에 사역을 시작했다고 알려져 있습니다. 예수는 하나님의 나라, 사랑, 용서, 율법과 예언자들의 성취에 대해 설교한 카리스마 넘치는 선생님이자 치료사로 여겨졌습니다. 예수는 가르침을 통해 많은 군중을 끌어모았고 제자 중에서 열두 사도는 그가 죽은 후 초기 기독교 운동의 중심인물이 되었습니다. 그리고 예수의 많은 가르침과 행동들은 메시아가 올 것이라는 구약성경의 예언을 성취하는 것으로 보였습니다. 이와 같은 예수의 가르침은 유대교와의 긴장으로 이어졌습니다.

그 후 예수의 권위와 신과의 연관성에 관한 주장은 그를 전통적인 유대인 관습에 대한 위협으로 간주하도록 만들었습니다. 결국 예수는 로마 총독 필라투스에 의해 예루살렘에서 체포되었고 십자가에 못 박혀 사망했습니다. 그러나 예수는 사망한 지 사흘 만에 부활하여 하늘로 올라가기 전에 제자들과 신자들에게 나타났다고 합니다. 즉, 예수의 승천 후에 그의 신자들은 성령이 그들에게 내려왔다고 하는 오순절로 알려진 사건을 경험했다고 합니다.

이 사건을 계기로, 유대인 종교 운동으로 남아 있었던 초기 기독교는 시간이 지나면서 이방인을 포함하는 범위로 확장되었습니다. 그리고 이방인들을 향한 바울의 적극적인 선교는 기독교의 발전에 결정적인 역할을 했습니다. 즉, 기독교는 더 많은 이방인을 받아들이면서 유대교와 구별되는 정체성을 발전시켰습니다.

구두로 전해졌던 예수의 가르침과 초기 기독교 신앙은 오랜 시간이 흐른 후 여러 저자에 의해서 기독교의 신약성경이 될 복음서와, 다른 종교적 문서로 기록되었습니다. 이후 신약성경은 구약성경과 결합하여 기독교의 기본 문서가 되었습니다. 이를 통해 기독교는 유대인의 뿌리로부터 분리되고 유대교와는 구별되는 종교로 변하게 되었습니다. 그리고 예수의 신성에 대한 믿음이나 구원에 대한 그의 역할과 같은 신학적 차이가 유대교와 기독교 사이에 더욱 뚜렷해지기 시작했습니다. 그 후 기독교가 4세기 콘스탄티누스 치하 로마 제국의 공식 종교로 채택되면서 세계 주요 종교 중 하나로서의 입지가 더욱 확고해지게 되었습니다.

콘스탄티누스가 기독교를 로마 제국의 공식 종교로 받아들이게 된 배경은 무엇인가요?

4세기 초까지 로마 제국은 내부 분열과 정치적 불안정에 직면해 있었습니다. 로마 제국 황제이던 콘스탄티누스는 통합과 결속력 강화를 위해 노력했습니다. 당시 로마 제국 내에서 기독교인의 수가 증가하고 영향력이 커지고 있다는 것을 인식한 그는 통합과 결속력 강화를 위한 세력으로 기독교를 사용할 기회를 찾고 있었습니다.

콘스탄티누스는 313년 밀라노 칙령을 통해 기독교인들에게 종교적 중립적 견해를 밝혔습니다. 이를 통해 수 세기 동안 이어졌던 기독교인들에 대한 박해가 종식되었습니다. 즉, 기독교를 다른 종교와 같이 인정함으로써 기독교인들이 그들의 신앙을 공개적으로 자유롭게 실천할 수 있도록 했습니다. 그러나 기독교를 제외한 다른 종교와 컬트의 영향력을 제한하는 조치도 취했습니다. 그는 기독교를 제외한 다른 사원을 폐쇄하고 특정한 종교적 관습도 금지했습니다. 이를 통해 기독교의 힘이 강화되면서 간접적으로 기독교를 제외한 전통적인 종교의 힘은 약화했습니다.

역사적인 설명에 따르면, 콘스탄티누스는 밀비안 다리 전투 전에 환상을 보았다고 합니다. 그는 환상에서 기독교의 상징인 십자가를 보았고, "이 표시로 정복하라(In hoc signo winces)"라는 말을 들었다고 합니다. 전투에서 승리한 후 그는 승리의 공을 기독교의 신에게 돌렸습니다. 이 경험은 아마 그가 기독교로 개종하는 데 영향을 미쳤고, 기독교에 대한 그의 호의적인 성향을 굳혔을 것입니다.

이와 달리 그의 기독교 후원은 정치적 전략일 가능성도 있다고 합니다. 왜냐하면 당시 빠르게 성장하는 기독교 공동체에 자신을 맞추어 기독교 공동체의 지지를 얻을 수 있었기 때문입니다. 결국 그가 기독교에 소속됨으로써 로마 제국 기독교인의 충성심을 얻을 수 있었습니다.

궁극적으로 콘스탄티누스가 기독교를 포용한 것은 단순히 개인적인 신앙의 문제 외에도 로마 제국 내에서 권력을 공고히 하고 단결을 촉진하기 위한 전략적인 정치적 결정이었다는 점에 주목할 필요가 있습니다. 그리고 밀라노 칙령과 같은 역사적 사건은 로마와 그 이후 유럽 문명에서 기독교의 역할을 형성하면서 기독교가 역사에서 중추적인 역할을 하게 되는 계기가 되었습니다.

정치와 종교의 결합을 통해 정치화된 종교 안에 권력 집단이 나타나게 되었는데 이는 종교 내의 권위주의로 이어지게 되었나요?

네, 콘스탄티누스 시대의 종교와 정치의 현저한 결합은 기독교의 역사에서 중요한 전환점이었습니다. 기독교와 로마 정부 사이에 긴밀한 관계가 구축되면서 이는 기독교가 발전하는 계기가 되었지만, 종교적 권위가 등장하기도 하였습니다. 그리고 콘스탄티누스가 기독교를 받아들이고 지원하기로 한 결정은 정치적으로 중요한 의미를 지녔습니다. 즉, 기독교가 로마 제국 종교가 되면서 콘스탄티누스는 정치적 통합과 안정을 위한 도구로 종교를 이용하려고 했습니다. 이 과정에서 종교와 정치의 얽힘은 다음과 같은 방식으로 분명하게 드러났습니다.

콘스탄티누스는 기독교 교회와 그 기관들에 재정적인 지원을 제공했습니다. 그는 기독교 교회의 건설에 이바지했고 로마 제국 전역에

기독교 공동체의 성장을 장려했습니다. 이는 당시에 주조된 주화에 기독교의 문양인 십자가가 있다는 점을 통해서도 추측할 수 있습니다. 그러나 당시의 교회 내부에는 많은 교리의 대립이 있어 수습이 곤란한 상태였습니다.

콘스탄티누스는 이 대립을 끝내기 위해 325년 니케아에서 교회를 대표하는 주교들을 소집하여 기독교 내의 신학적 분쟁을 해결하는 데 황제의 참여를 보여주었습니다. 이후 콘스탄티누스는 공식적으로 일요일을 휴식의 날로 선언했습니다. 이러한 결정은 예수의 부활을 기념하여 일요일을 예배와 휴식의 날로 지키는 기독교의 관습으로부터 부분적으로 영향을 받았습니다. 또한 기독교인들의 권리와 특권을 보호하기 위한 법과 법령이 발포되었습니다. 이들은 특정한 시민적 의무에서 면제되었고 지역 교회의 지도자인 주교는 황실에 접근할 수 있게 되었습니다.

황실 및 국가와의 긴밀한 관계로 인해 주요 도시의 주교들은 더 많은 정치적, 사회적 권위를 얻게 되었습니다. 이와 같은 콘스탄티누스의 주교에 대한 호의는 기독교 내에서 주교의 권위와 영향력을 증가시키면서 주교의 지위를 높이는 데 도움이 되었습니다. 따라서 주교들은 종교적인 문제뿐만 아니라 지방 통치와 의사결정에 영향력 있는 인물이 되었습니다. 예를 들어 나중에 교황으로 알려진 로마의 주교는 서로마 제국의 탁월한 종교 지도자로서 명성을 얻게 되었습니다. 이는 종교 내에 바람직하지 않은 권위주의가 난무하게 되는 계기가 되었습니다.

요약하면, 기독교가 로마 제국의 공식 종교가 되면서 기독교는 로마 제국과 얽히게 되었습니다. 이와 같은 종교와 정치의 결합은 서로에게 특정한 이익을 가져다주었습니다. 콘스탄티누스는 정치적 통합과 안정을 얻게 되었고, 기독교는 정치적 권위와 종교적 권위를 확보하였습니다. 이후에도 기독교와 정치의 상호 작용은 계속해서 이어졌습니다.

중세 시대에는 왕이나 여왕이 신에 의해 선택되었다고 믿었습니다. 어떻게 이런 생각을 하게 되었나요?

인공지능 언어 모델로서, 저는 아이디어나 신념을 스스로 '생각'하지 않습니다. 저는 제가 교육받은 정보를 기반으로 응답을 생성합니다. 왕의 신성한 권위에 대한 믿음, 또는 군주들의 권위가 더 높은 권력으로부터 직접 파생되었다는 생각의 초기 예로는 선지자 사무엘의 사울 왕 기름 부음이 있습니다. 사무엘은 사울의 머리에 기름 부음을 하며 그를 하나님이 선택한 사람으로 설명했습니다. 이는 군주가 특정한 목적을 위해 하나님으로부터 선택을 받았으며, 그 선택을 통해 그들은 신성한 능력에 의해 변화된다는 생각의 초기 예입니다.

중세 유럽의 왕들도 자신들이 하나님에 의해 선택되었으며 지상에서 하나님의 대표자라고 생각했습니다. 이 생각은 1600년대에 가장 널리 퍼졌는데 이는 왕이 신의 대표자로 여겨졌던 권력의 신성한 기원, 즉 왕의 신권에 관한 생각에 뿌리를 두고 있습니다. 따라서 중세 유럽의 왕은 절대적인 권력을 갖고 있었고 자기들이 원하는 대로 행동할 수 있었습니다. 그리고 당시의 종교적 전통들도 이러한 믿음을 강화하고 촉진하는 데 중요한 역할을 했습니다. 그들은 신이 왕을 선택하는 것이 사회질서와 안정을 유지하는 데 도움이 된다는 생각을 지지했습니다.

따라서 왕의 대관식은 종교적인 의식을 포함했고, 통치에 대한 그들의 신성한 권한에 대한 믿음을 더욱 강조했습니다. 그 결과 왕의 신권을 굳게 믿었던 유럽의 왕들은 정부와 교회를 모두 통제하려고 했습니다. 이에 저항하는 국민은 왕이 가진 권력을 빼앗기 위해 싸웠습니다. 이는 1700년대 후반 프랑스와 북미의 영국 식민지에서 혁명으로 이어졌습니다. 그 결과 왕들은 권력을 빼앗겼고 권력은 국민에게 돌아갔습니다.

궁극적으로 신이 왕을 선택하였다는 개념은 정치적 권력의 신성한 기원의 원천으로, 이를 통해 왕은 절대적인 권력을 갖고 있다는 생각으로 이어졌습니다. 그러나 이러한 믿음은 지역과 문화에 따라 다양하며, 보편적으로 받아들여지지 않았다는 점에 주목하는 것도 중요합니다. 게다가 역사적으로 왕의 권위가 종교로부터 도전을 받았던 시기도 있었습니다.

종교와 정치가 결합하게 되면서 중세 종교는 개인적인 믿음이 라기보다는 통치의 수단이 아니었나요?

중세 종교와 정치 사이의 밀접한 연관성은 왕이 그들의 정당성을 강화하고 사회질서를 유지하기 위해 교회나 종교기관으로부터 지원을 받는 것을 의미했습니다. 즉, 그 시대의 지배적인 종교기관의 지원은 성직자들의 지지와 종교인의 충성을 가져와 정치적 안정을 유지할 수 있었습니다. 따라서 왕에게는 통일된 힘과 정치적 통제를 위한 도구의 역할을 하는 종교의 지원이 매우 필요했습니다.

또한 왕은 그들의 권위를 공고히 하기 위해 종교적 상징과 의식을 이용했습니다. 예를 들어 대관식은 종교적인 장소에서 행해졌는데, 이를 통해 종교인의 축복과 신의 지지에 관한 생각을 강화했습니다. 게다가 종교적인 교리와 가르침이 중세 사회의 도덕적이고 윤리적인 틀에 상당한 영향을 미쳤기 때문에, 왕은 그들의 행동과 정책을 정당화하기 위해 종교를 이용하기도 하였습니다. 이에 대해 고대 로마의 철

학자인 세네카는 “종교는 평민들에게는 진실로 여겨지고 현자들에게는 거짓으로 여겨지며 통치자들에게는 유용한 것으로 여겨진다”라며, 정치적 통제를 위한 도구 역할을 하는 종교를 비판하기도 했습니다.

하지만 종교와 왕 사이의 관계는 시간, 지역, 그리고 특정한 정치적 맥락에 따라 다르다는 것을 인식하는 것도 필요합니다. 즉, 이 기간에 종교는 단지 통치의 수단만이 아니었다는 점에 주목하는 것이 중요합니다. 왕이 깊은 종교적 믿음을 갖고 적극적으로 종교 제도와 개혁을 지지한 사례도 있었습니다. 그리고 종교와 왕 사이의 관계가 항상 조화롭지는 않았습니다. 예를 들어 왕과 종교기관 사이의 갈등과 권력 투쟁도 드물지 않았고, 시간이 지남에 따라 권력의 균형이 바뀌기도 하였습니다. 이에 불만을 느낀 왕이 종교기관으로부터의 독립을 시도하기도 했는데 이는 종교개혁과 새로운 종교 운동의 출현으로 이어졌습니다. 요약하자면 종교는 중세 통치의 수단으로 사용되었지만, 종교와 정치의 복잡성과 왕 사이의 다양한 개인적 믿음의 정도에 차이가 있음을 인식하는 것도 중요합니다.

종교가 정치와 관련된 사례에는 어떤 것이 있나요?

역사를 통틀어 다양한 지역에서 종교와 정치가 밀접하게 얽혀 있는 수많은 사례가 있습니다. 다음은 몇 가지 주목할 만한 예입니다. 중세와 르네상스 시대 동안, 중앙 이탈리아에 있는 교황령은 로마의 주교인 교황의 통치를 받는 영토였습니다. 로마 기독교의 수장으로서 교황은 이곳에서 종교적 권위와 정치적 권위를 모두 가지고 있었습니다. 즉, 교황이 종교적 지도자이자 정치적 통치자로 활동하면서 종교와 정치의 교차점을 보여주는 명확한 예였습니다.

그러나 콘스탄티누스가 서기 330년 현재의 이스탄불로 로마의 수도를 옮기면서 종교, 특히 동방 기독교(동방 정교회)는 정치적 통치에 중심적인 역할을 했습니다. 동방 기독교에서 황제는 정치적 지도자이자 교회의 수장이기도 했습니다. 황제의 권위는 신성한 것으로 여겨졌으며 교회는 황제의 권력에 정당성과 지원을 제공했습니다. 따라서 로마 기독교가 교황으로 불리게 된 로마 주교의 큰 영향력 아래 있었다면, 동방 기독교는 황제의 지배 아래에 있었습니다.

이후 일어난 16세기의 종교개혁은 유럽 전역에서 종교적 갈등과 전쟁으로 이어졌습니다. 동방 기독교 국가와 로마 기독교 국가 간의 종교적 차이는 정치적 경쟁과 권력 투쟁을 부채질했습니다. 예를 들어 유럽에서 로마 기독교를 지지하는 국가들과 동방 기독교를 지지하는 국가들 사이에서 벌어진 30년간의 종교전쟁은 유럽뿐만 아니라 인류의 전쟁사에서 가장 잔혹하고 사망자가 많은 전쟁 중 하나였습니다.

이슬람교의 율법도 통치에 중심적인 역할을 했습니다. 이슬람교의 창시자 무함마드의 후계자를 가리키는 용어인 칼리프는 이슬람 공동체의 지도자 역할을 하면서 종교적, 정치적 권위를 모두 가지고 있었습니다. 이슬람교를 믿는 일부 국가에서는 아직 종교가 정치와 통치에서 중요한 역할을 계속하고 있습니다. 예를 들어 이란, 사우디아라비아와 같은 나라들은 종교 지도자들이 상당한 권력과 영향력을 가지고 있으며 정치적인 법과 원칙이 종교적인 법에 기초하기도 합니다.

이처럼 종교가 정치권력을 합법화하고, 정책 결정에 영향을 미치거나, 사회적 통제를 유지하기 위해 사용되기도 하였지만 이것들은 단지 몇 가지 예시일 뿐이고, 종교와 정치 사이의 관계는 나라와 역사적인 시기에 걸쳐 크게 다를 수 있습니다.

종교는 개인적 믿음의 산물이라기보다는 통치자나 성직자들에게 유용한 사회제도를 유지하기 위해 만들어진 하향식 산물이 아닌가요?

종교의 기원과 목적은 복잡하고 다면적이며, 종교의 발전에 관해서는 다양한 이론이 존재합니다. 종교는 시간이 지남에 따라 진화했으며 종교의 기능과 동기는 문화나 사회에 따라 다양하다는 점을 인식하는 것이 중요합니다.

언급한 대로 사회제도를 유지하고 인간 행동을 통제하기 위해 고안된 사회제도로 종교가 등장한 측면도 있습니다. 즉, 종교적 신념 및 의식이나 도덕규범은 초기 사회에서 사회질서의 틀을 제공하고 규범과 가치를 시행하며 개인 간의 협력을 촉진하기 위해 만들어졌다고 볼 수 있습니다. 이러한 관점에서 종교는 사회제도를 유지하기 위한 집단적 신념과 실천의 산물이라고 볼 수 있습니다. 이처럼 사회적 요인이 종교 발전에 확실히 영향을 미치긴 하지만 종교를 사회제도를 유지하기 위한 도구로 축소하는 것은 지나친 단순화입니다.

종교는 개인의 신념, 경험 및 영적 탐구와 깊이 얽혀 있습니다. 그리고 이와 같은 개인적인 경험과 주관적인 믿음은 종교적 믿음과 관습을 형성하는 데 중요한 역할을 해왔습니다. 또한 종교는 실존적 질문을 다루고 어려운 시기에 위안이나 삶의 의미와 목적을 제공하기도 합니다. 더욱이 종교는 문화, 역사적 시기 및 개인에 따라 무수한 변이가 있는 역동적이고 다양한 현상입니다. 그것은 인간의 생각과 경험의 복잡성을 반영하는 광범위한 신념, 의식이나 도덕적 틀을 포함합니다. 따라서 종교가 사회제도를 유지하기 위한 하향식 구성물만은 아니라는 점에 유의하는 것이 중요합니다.

요약하면 종교와 사회제도의 관계는 미묘하고 다면적입니다. 종교는 사회적 결속과 질서에 이바지할 수 있지만, 종교는 단순히 통치자나 성직자들에게 유용한 사회제도를 유지하기 위해 만들어진 산물은 아닙니다. 종교는 집단적 신념과 개인 경험 사이의 복잡한 상호 작용을 포함하며, 사람들에게 실존적 질문에 대한 답을 제공하거나 도덕적, 윤리적 기준을 제공하기도 합니다.

20. 종교의 역설

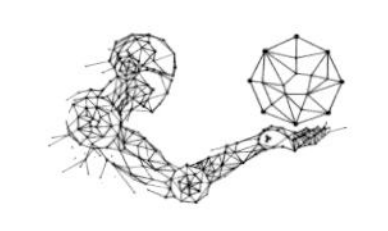

종교와 정치의 결합으로 얻은 성직자의 높은 사회적 지위와 권위는 오늘날에도 여전히 유지되고 있습니다. 이것에 대해 어떻게 생각하세요?

오늘날과 같이 다양하고 다원적인 사회에서 많은 사람은 이전과 비교해 더 다양한 출처에서 영감을 얻고, 더 개인적인 방식으로 종교적인 가르침과 실천에 참여합니다. 따라서 사람들은 성직자를 궁극적인 권위로 보지 않고, 성직자의 높은 사회적 지위와 권위에 대해서 부정적인 생각을 하기도 합니다. 그러나 성직자의 높은 사회적 지위와 권위가 유지되는 것은 긍정적인 의미와 부정적인 의미 모두를 가질 수 있습니다.

성직자의 높은 사회적 지위와 권위는 공동체를 위한 도덕적인 가이드 역할도 합니다. 그들은 윤리적 딜레마에 대한 통찰력을 제공할 수 있습니다. 그리고 많은 종교 단체는 가난, 노숙자나 건강 관리와

같은 사회적 문제들을 해결하면서 자선 활동과 지역 사회 봉사에 적극적으로 참여합니다. 이 과정에서 그들의 영향력은 계획과 자원에 도움이 될 수 있습니다.

이에 반해 "성직자는 오만함과 나태함, 평신도들은 무지와 굴종을 보여왔다"라는 지적과 같이 성직자의 높은 사회적 지위와 권위는 개인적 이익이나 정치적 영향력을 위해 남용될 수도 있습니다. 그리고 일부 성직자는 배타성, 편협성이나 분열을 촉진하기 위해 그의 권한을 사용할 수 있으며 종파주의나 공동체 내부 및 공동체 사이의 갈등에 이바지할 수 있습니다. 또한 특정한 경우 성직자는 과학적 발전과 같은 진보적인 사회 변화에 반대함으로써 사회 발전을 방해할 수도 있습니다.

궁극적으로 성직자의 권위와 영향력의 범위는 국가, 문화나 종교에 따라 크게 다를 수 있다는 점을 인식하는 것이 중요합니다. 그리고 사회는 정치 문제에서 종교 지도자의 역할을 비판적으로 평가하여 민주주의, 다원주의나 개인 권리의 원칙이 유지되도록 노력하는 것이 필요합니다. 또한 투명성, 책임성이나 성직자와 신자 간의 존중하는 대화를 촉진하는 것은 다양하고 포괄적인 사회에서 더 큰 이익에 필요한 균형을 잡는 데 도움이 될 수 있습니다.

정치적 지식이 없는 성직자가 공적인 시간에 자주 정치인을 비판하거나 정치적 신념을 강요하는 것에 대해 어떻게 생각하나요?

종교와 정치의 교집합은 복잡하고 논쟁적인 문제입니다. 성직자가 정치적 담론을 해야 하는지, 한다면 어느 정도까지 해야 하는지에 대해서 사람들은 다양한 의견을 가지고 있습니다. 성직자에게도 여느 개인들과 마찬가지로 자신의 정치적 신념을 견지하고 표현할 권리가 있다는 것을 인식하는 것이 중요합니다. 그러나 이때 몇 가지 고려해야 할 사항이 있습니다.

많은 나라에 정교분리의 원칙이 있는데 종교기관이 정치적 결정에 직접 영향을 주어서는 안 되며, 그 반대의 경우도 마찬가지입니다. 따라서 자신의 설교에 정치적 의견을 일관되게 주입하는 성직자는 이 경계를 넘는다고 볼 수 있습니다. 또한 종교 공동체는 다양한 정치적 견해를 가진 사람들로 구성됩니다. 성직자는 다양한 의견을 가진 사람들이 자기 신도에 포함될 수 있다는 것을 명심해야 합니다. 따라서 특정한 정치적 의제를 주장하여 특정 구성원들을 소외시키는 것은 역효과를 가져올 수 있습니다.

만약 성직자가 정치적인 문제에 대해 발언하는 것을 선택한다면, 일정 수준의 전문성과 균형성을 가지고 발언하는 것이 필수적입니다. 그러나 정치적인 문제에 대한 확실한 이해가 없는 성직자가 그의 주관적인 견해를 객관적인 진실로 제시하는 것은 오해의 소지가 있습니다. 그리고 그들의 정치적인 메시지가 편협함을 조장한다면, 그것은 공동체 내에서 논란과 분열을 초래할 수 있습니다.

궁극적으로 설교에서 정치적 논의를 하는 성직자의 적절성은 구체적 맥락과 메시지의 성격, 교인들의 가치관과 기대에 달려 있는데 성직자는 자기 말이 미칠 잠재적 영향을 인식하고 분열보다는 통합을 촉진하며 균형 있고 존중받는 접근을 위해 노력하는 것이 중요합니다.

설교마다 수십 년 전의 학위, 해외 체류 기간, 외국어 능력이나 인맥 등을 과장하는 성직자가 올바른 종교적 신념을 가지고 있을까요?

제가 누군가의 종교적 신념을 판단할 일은 아니지만, 지속적인 과장이나 자기선전은 종교적 전통의 가치와 원칙에 어긋난다고 할 수 있습니다. 만약 성직자가 지속해서 설교를 통해 학위, 경험이나 인맥을 과장하여 자랑한다면 이는 신앙의 메시지를 전하고 교인들을 인도하는 것으로 보기는 어렵습니다. 이러한 행위의 원인은 개인적인 콤플렉스, 다른 사람들로부터 신뢰를 얻으려는 욕구나 존경을 받고 싶어 하는 다양한 요인에 의해 주도될 수 있습니다. 그리고 이러한 행동은 성직자의 진실성과 사역의 우선순위와 동기에 대해 의문을 제기하도록 할 수 있으며, 다음과 같은 몇 가지 이유로 우려의 원인이 될 수 있습니다.

설교에서 개인적인 업적, 학업, 자격증이나 세속적인 경험에 지속해서 주의를 기울이는 것은 우선순위를 잘못 알고 있는 것같이 보일 수 있습니다. 즉, 정신적인 성장을 가르치고 육성하는 것에 대한 진정한 헌신보다 자기 홍보에 중점을 둔다고 볼 수 있습니다. 많은 종교적 믿음은 개인적인 성취보다는 겸손, 진실성이나 믿음의 가르침에 집중하는 것을 강조합니다. 일관되게 과장하여 자랑하는 성직자는 교만하게 보이거나 자기중심적으로 보일 수 있는데, 이것은 종교적 본문에서 가르치는 겸손 및 진실성의 가치관과 상충할 수도 있습니다.

지나친 자기 홍보는 신앙의 핵심적인 영적 메시지로부터 주의를 분산시킬 수 있습니다. 이는 잠재적으로 신도들을 종교적 설교의 주요 초점인 영적인 가르침과 원칙으로부터 멀어지게 할 수 있습니다. 그리고 개인적인 경험과 자격에 대해 과장하거나 자랑하는 것은 신도들에게 이러한 세속적인 성취가 영적인 것보다 더 중요하다고 생각하도록 잠재적으로 오도할 수 있습니다.

궁극적으로 자신의 자격증, 경험이나 능력을 과장하는 것은 부정직한 것으로 간주하며 성직자의 정직성과 성실성에 대한 우려를 불러일으킬 수 있습니다. 따라서 성직자가 가진 종교적 신념의 건전성에 대해 종교 공동체 구성원들의 평가가 이루어져야 합니다. 이때 종교적 전통의 핵심 가치와 가르침에 부합하는지를 고려하여 성직자의 행동을 평가하는 것이 중요합니다. 이 과정에서 가르침의 내용 및 도덕적, 윤리적 행위나 신도들을 영적으로 지도하는 능력을 기준으로 평가해야 한다는 것을 기억하는 것이 중요합니다.

성직자의 종교 연구는 객관적 연구인지, 그리고 이는 그들의 종교적 믿음에 긍정적인 영향을 미칠 수 있나요?

종교 연구는 종교에 관한 개인적인 감정이나 신념에 따라 결정되기 때문에 종교에 대한 특정 현상을 당연하게 여기거나 특정 방식으로 해석할 가능성이 큽니다. 예를 들어 자료수집 및 분석에서 보편적으로 우리는 특정 해석 시스템을 가져옵니다. 즉, 우리 자신의 편견과 사회에서의 입장이 필연적으로 연구에 관여하게 됩니다. 이처럼 우리는 종교 연구에 참여할 때 백지상태로 참여하지 않습니다. 이는 객관적인 종교적 연구에서 영적, 종교적 세계를 설명하고 해석하는 방법을 왜곡할 수 있습니다. 따라서 성직자의 종교 연구는 주관적인 종교적 신념으로부터 영향을 받을 수 있어 엄밀하게 객관적인 연구로 보기 어렵습니다.

그러나 종교 연구는 개인의 주관적인 종교적 신념과 신앙에 대한 이해에는 긍정적인 영향을 미칠 수 있습니다. 그리고 종교 연구가 주관적인 종교적 믿음의 개선에 이바지하는 방법은 다음과 같습니다.

종교 연구는 다양한 종교적 전통, 문서, 역사나 신학적 개념에 심층적인 지식을 제공합니다. 종교에 대한 더 깊은 이해는 개인들이 더 많은 정보를 가지고 의미 있는 방식으로 자신의 믿음에 참여할 수 있도록 합니다. 그리고 종교 연구는 과학적 지식과 종교적 신념의 통합을 촉진할 수 있습니다. 이와 같은 통합을 통해서 개인들의 종교적 신념이 현대적 이해와 조화를 이루도록 도와주며, 믿음과 이성의 조화로운 공존을 촉진합니다. 또한 종교 연구는 윤리와 도덕적 원칙에 관한 토론을 포함합니다. 토론을 통해서 종교적인 문서, 교리 및 믿음에 대한 더 깊은 이해를 촉진하는 비판적 사고력을 키울 수 있습니다.

종교 연구는 다양한 종교적 전통에 관한 연구를 포함합니다. 이러한 노출은 종교 간의 대화, 공감, 다양한 믿음에 대한 존중을 촉진합니다. 그것은 개인들이 서로 다른 믿음들 사이의 공통점과 공유된 가치를 볼 수 있도록 도와주며, 더 포괄적인 관점을 길러줍니다. 따라서 종교 연구에 참여하는 것은 한 사람의 영적 성장과 그들의 믿음과의 연결을 심화시킬 수 있습니다. 그리고 종교 연구를 통해 개인들은 종교적 전통이 등장한 역사적, 문화적, 사회적 맥락에 대해 배울 수 있습니다. 이러한 맥락화는 개인들이 종교적 가르침을 더 정확하게 해석할 수 있도록 하고, 시간이 지남에 따라 그들의 믿음에 도움을 줍니다.

그러나 개인의 종교적 신념은 독특하고, 종교적 전통에 대한 그들 자신의 해석과 이해의 대상으로서 지적 탐구와 개인적 경험의 조합에 의해 형성됩니다. 따라서 종교적 신념은 종교적 문서에 대한 개인적인 경험, 성장이나 해석을 포함하여 학문적인 연구를 넘어 다양한 요인에 의해 영향을 받을 수 있다는 점에 주목하는 것이 중요합니다.

종교에 대해 같은 생각을 하는 사람이 모여서 종교를 연구한다면 비판적 사고보다는 편협한 사고가 되지 않을까요?

비슷한 생각을 하는 사람들과 종교에 관한 연구에 참여하는 것은 긍정적인 의미와 부정적인 의미를 모두 가질 수 있습니다. 그것은 종교 연구가 어떻게 수행되고 접근되는지에 달려 있는 문제로, 이에 대해 살펴보겠습니다.

같은 생각을 하는 사람들과 종교를 연구하는 것은 개인들이 판단이나 적대감을 두려워하지 않고 자신의 신념과 생각을 탐구할 수 있도록 지지적이고 안전한 공간을 만들 수 있습니다. 이러한 우호적인 환경은 개방적인 토론과 심층적인 자기 성찰을 장려할 수 있습니다. 그리고 같은 생각을 하는 사람들이 모이면 그들은 공통의 가치관과 관점을 공유합니다. 따라서 기본적인 설명에 시간을 들이지 않고 복잡한 종교적 주제를 더 깊이 탐구할 수 있습니다.

그러나 같은 생각을 하는 사람들에 의해 독점적으로 수행되는 연구는 기존의 믿음을 확인하는 증거를 찾는 확인 편향의 경향을 띠게 될 수 있습니다. 즉, 개인이 자신의 견해를 공유하는 사람들과만 상호작용할 때 그들은 반대 의견이나 그들의 생각에 대한 비판적인 도전이 적절하게 고려되지 않는 '메아리 방'에 고립될 위험이 있습니다. 이는 지적 성장을 방해하고 이해의 발전을 저해할 수 있습니다.

이러한 부작용에 대해서 제퍼슨은 “다른 학문과는 달리 신학은 1,800년 동안 발전이 없었다. 그리고 이해 불가능한 명제에 맞설 수 있는 이성이 작용할 수 있으려면 먼저 개념이 명확해야 한다”라고 말했습니다.

메아리 방에 고립될 위험을 줄이기 위해서는 비판적인 도전이 필요합니다. 비판적인 도전은 다양한 관점을 가진 사람과의 토론 참여를 통하여 경험할 수 있습니다. 즉, 그들의 가정에 도전하거나 다양한 각도에서 증거를 평가하는 비판적 도전을 통하여 비판적인 사고력이 향상됩니다. 따라서 비판적인 사고력을 위해서 다양한 배경과 신념을 가진 사람들과의 건강한 아이디어 교환에 참여하여 자신의 신념에 의문을 제기하거나 옹호하는 과정이 필요합니다. 그리고 다른 신념이나 배경을 가진 사람들과의 협력을 통해 지적인 겸손과 연구에 대한 보다 다각적인 접근법을 배양할 수 있습니다.

궁극적으로 종교에 관한 연구가 진정으로 풍부하고 지적으로 엄격하기 위해서는, 같은 생각을 하는 사람들과의 토론과 다양한 생각을 하는 사람들과의 토론 사이에서 균형을 맞추는 것이 필수적입니다. 요약하자면 같은 생각을 하는 사람들과 연구를 수행하는 것이 어떤 이점을 제공할 수 있지만, 비판적 사고를 배양하고 종교적 주제에 관한 다각적인 탐구를 촉진하기 위해서는 다양한 관점을 가진 사람들과 연구에 함께 참여하는 것이 중요합니다. 그리고 연구에서 다양성을 수용하는 것은 종교와 그것이 사회와 개인에 미치는 영향에 대한 더 풍부하고 포괄적인 이해로 이어질 수 있습니다.

종교적 학위와 같은 객관적인 종교 연구는 주관적인 개인의 종교적 신념에 부정적일 수도 있지 않나요?

종교 연구의 정도가 개인의 종교적 신념에 부정적인 영향을 미칠 수도 있습니다. 비록 종교 연구가 많은 이점을 제공할 수 있지만, 일부 개인의 믿음에 도전하고 잠재적으로 부정적인 영향을 줄 수도 있음을 인식하는 것도 중요합니다. 다음은 종교 연구의 정도가 특정 개인의 믿음에 부정적인 영향을 미칠 수 있는 몇 가지 이유입니다.

어떤 경우에는 종교에 대한 광범위한 학문적 연구로 인해 개인이 깊이 간직한 종교적 신념에 도전하는 비판적 이론, 역사적 분석이나 비교 관점에 노출될 수 있습니다. 이러한 대안적 관점이나 상충되는 정보에 노출되면 의심과 불확실성이 생겨 개인의 신앙이 약화될 수 있습니다. 그리고 종교 연구는 역사적, 사회학적, 철학적 측면에 초점을 맞춘 지적이고 학문적인 관점에서 종교에 접근합니다. 이 과정에서 분석적 탐구와 합리적인 조사는 신앙의 경험적 또는 신비적 차원을 감소시켜 종교적 신념을 감소시킬 수 있습니다.

또한 종교 연구는 비판적 사고와 합리적인 분석을 우선시할 수 있으며, 이는 잠재적으로 개인이 논리적 또는 경험적 렌즈를 통해서만 종교적 신념을 보도록 이끌 수 있습니다. 이와 같은 합리성에 대한 지나친 강조는 주관적인 종교적 경험을 평가절하하거나 간과하여 신앙의 영적 또는 직관적 차원에 대한 인식을 감소시킬 수 있습니다.

심도 있는 종교 연구는 다양한 해석, 역사적 논쟁, 진화하는 교리의 존재를 포함하여 종교 전통의 다양성을 밝힐 수 있습니다. 종교 전통의 복잡성과 인간적 측면에 대한 이러한 인식은 종교가 더 응집력이 있거나 보편적으로 일관성이 있을 것으로 기대했던 일부 개인에게 환멸이나 믿음의 분열을 초래할 수 있습니다. 그리고 종교 연구에 참여하면 역사적 불의, 억압적인 관행이나 갈등과 같은 종교 전통의 문제나 부정적인 측면에 노출될 수 있습니다. 이러한 어려운 측면에 직면하면 개인의 신념이 도전을 받고 종교와의 관계를 재평가하게 될 수 있습니다.

이처럼 종교 연구가 개인의 신념에 도전적인 과제를 제시할 수도 있지만 개인적 성장, 지적 자극, 신앙에 대한 깊은 이해의 기회를 제공할 수도 있다는 점에 유의하는 것이 중요합니다. 그리고 종교 연구가 개인의 신념에 미치는 영향은 개인의 성향, 연구에서 취한 접근 방식, 다양한 관점에 참여하려는 의지 등 다양한 요인에 따라 달라질 수 있습니다. 따라서 종교 연구의 결과가 개인마다 다를 수 있음을 인식하면서 열린 마음, 비판적 분별력, 잠재적인 도전을 탐색하려는 의지를 가지고 종교 연구에 접근하는 것이 필수적입니다.

서민과 동일시하며 겸손을 강조한 예수를 이야기하며 과장과 자랑으로 개인적 권위와 부를 추구하는 성직자는 종교의 역설이 아닐까요?

당신은 기독교를 포함한 다양한 종교적 전통 안에 존재하는 중요한 관찰을 강조했습니다. 평민과 동일시하며 겸손을 강조한 예수의 삶과 권위와 부를 추구하는 특정 현대 성직자의 대조는 실로 종교의 역설로 볼 수 있습니다. 이러한 대비는 다음과 같이 몇 가지 중요한 생각할 거리를 제공합니다.

성경에 나오는 예수의 삶과 가르침은 겸손, 연민이나 다른 사람들에 대한 봉사를 강조했습니다. 그는 소외된 사람들과 어울렸고, 죄인들에게 사랑을 보였으며, 가난하고 억압받는 사람들을 옹호했습니다. 이에 반해 성직자는 사회적 압력, 권력 역학이나 개인적 야망을 포함한 다양한 요인에 의해 영향을 받을 수 있습니다. 그리고 역사를 통틀어 종교적인 가르침은 해석의 대상이었고, 때로는 조작의 대상이었습니다. 따라서 일부 성직자는 그의 신앙의 중심인물이 가르쳐준 겸손과 연민을 완전히 반영하지 못할 수도 있습니다. 즉, 특정 성직자는 그의 개인적인 이익과 일치하는 신앙의 측면만을 선택적으로 강조할 수 있으며 그의 행동과 종교의 대표적 핵심 원칙 사이에 불일치를 초래할 수 있습니다.

이때 신자가 성직자의 행동과 가르침을 비판적으로 평가하는 것이 중요합니다. 이 평가는 그들의 행동이 그들이 대표한다고 주장하는 신앙의 핵심 가치와 원칙에 부합하도록 하는 데 도움이 됩니다. 그리고 신자들은 성직자에게 책임을 물음으로써 투명성, 진실성과 그들의 믿음의 윤리적인 가르침을 고수하는 문화를 촉진할 수 있습니다. 그렇게 함으로써 그들은 종교의 진정한 정신과 겸손과 연민에 대한 강조를 지지하는 데 이바지할 수 있습니다.

궁극적으로 겸손, 연민이나 다른 사람들에 대한 사랑의 미덕을 본보기로 하는 공동체를 육성하면서 그들의 믿음의 이상을 구체화하기 위해 지속적으로 노력하는 것이 성직자와 신자들 모두에게 필수적입니다. 그렇게 함으로써 그들은 역설을 최소화하고 그들 종교의 가르침에 대한 더 진정한 표현을 촉진하기 위해 노력할 수 있습니다.

그러나 이러한 종교의 핵심 원칙 사이에서 일어나는 불일치는 종교적 전통과 종파에 따라 매우 다양하다는 것을 인정하는 것이 중요합니다. 예를 들어 일부 성직자는 개인적인 권위와 부를 추구하는 반면, 다른 많은 성직자는 그들의 믿음의 창시자들에 의해 예시된 겸손과 봉사의 가르침을 따르려고 진정으로 노력합니다. 따라서 당신이 묘사한 역설은 종교적인 가르침과 인간의 행동이 항상 완벽하게 일치하는 것은 아니라는 것을 상기시켜주고 있습니다.

21. 미래의 종교는

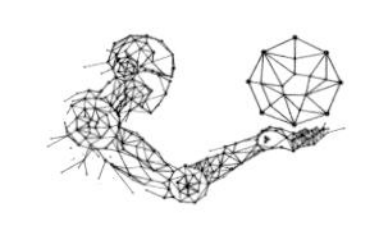

상징적 의미를 창조하고 전달하는 인간의 능력은 문화적 변화, 사회적 변화나 과학적 발전과 관련이 있습니다. 만약 이들이 변한다면, 종교도 다른 영역의 가치를 가질까요?

종교는 광범위한 가치, 가르침, 의식이나 실천을 포함하는 복잡한 믿음 체계로 볼 수 있습니다. 그리고 종교는 문화와 사회적 변화나 과학적 발전에 대응하여 변화해왔습니다. 여기서 문화는 사회 구성원에 의하여 습득, 공유되고 전달되는 행동 양식이나 생활 양식을 의미합니다. 그리고 사회는 공통의 관심과 신념이나 이해에 기반한 사람들이 살아가는 집합체를 의미합니다, 다음은 종교적 가치 변화에 영향을 미칠 수 있는 몇 가지 예입니다.

문화적 변화는 종교적 가치를 형성하는 데 중요한 역할을 합니다. 사회가 진화하는 과정에서 새로운 생각, 믿음이나 실천을 수용함에 따라 종교적 해석과 가르침에 이런 것들을 수용하기도 하였습니다.

예를 들어 성 평등이나 성 소수자 권리와 같은 문화적 변화는 종교적 문서의 가르침에 대한 해석에 있어서 점진적인 변화로 이어져왔습니다. 그러나 일부 종교적 전통은 이와 반대로 전통적인 가치를 고수하고 문화적 변화에 저항하여 더 보수적이거나 근본주의적인 해석을 하기도 하였습니다.

사회적 변화는 권력 역학, 사회 규범이나 도덕적 태도의 변화를 포함한 종교적 가치에도 영향을 미칠 수 있습니다. 예를 들어 사회 정의, 인권이나 평등을 옹호하는 운동은 이러한 가치와 일치하는 종교적 재해석으로 이어질 수 있습니다.

마찬가지로 과학적 발전 또한 종교적 가치에 영향을 미칠 수 있습니다. 과학적 발견이 종교적 신념에 도전할 때, 종교기관과 개인들은 그들의 견해를 재해석하거나 조정해왔습니다. 예를 들어 인간의 기원과 우주의 창조에 대한 종교적 이해와 관련하여, 진화생물학이나 우주론의 발전은 어떤 종교 단체들에게는 과학적 지식을 받아들여 그들의 신학적 틀에 통합하는 계기가 되기도 하였습니다.

이처럼 인간의 문화적 변화, 사회적 변화나 과학적 발전과 종교적 가치 사이의 관계는 연속성과 변화의 가능성을 모두 가진 역동적인 과정이라고 할 수 있습니다. 그러나 신자들의 개인적인 경험도 그들의 신앙을 이해하고 해석하는 방법에 영향을 줌으로써 종교적 가치를 형성할 수 있습니다. 따라서 종교적 가치의 변화는 복잡하고 다면적인 과정이며, 모든 종교 집단이 이러한 변화에 동일한 방식으로 반응하는 것은 아니라는 점에 주목하는 것이 중요합니다.

자연계를 설명하려고 했던 종교에서 도덕적, 윤리적 원칙을 가진 종교로 진화한 과정은 어떤 요인에 기인한 것인가요?

종교는 사회질서를 확립하고, 협력을 촉진하고, 공동체 내의 행동을 규제하는 데 중요한 역할을 하고 있습니다. 자연계를 설명하고자 했던 종교가 이처럼 도덕적이고 윤리적인 원칙을 포함한 믿음으로 진화한 것은 복잡한 과정이지만 몇 가지 요인에 기인할 수 있습니다.

종교는 그들이 존재하는 문화적, 사회적 맥락에 적응해왔습니다. 따라서 사회가 진화하고 복잡해짐에 따라 종교적 신념이나 관행도 변하게 되었습니다. 예를 들어 문화적, 사회적 맥락이 발전함에 따라 도덕적, 윤리적 원칙이 변화하게 됩니다. 이때 종교는 사회적 관련성을 유지하기 위해 이들을 종교적 교리에 통합하고 재해석하는 과정을 통하여 이러한 변화에 적응하기 시작했습니다.

시간이 흐르면서 종교는 개인들이 다른 사람들과 상호 작용하도록 인도하고 공정성, 정의나 사회적 조화를 촉진하기 위해 도덕적, 윤리적 원칙을 통합하였습니다. 이 과정에서 철학자들과 사상가들은 도덕적, 윤리적 틀을 제공하였습니다. 이들이 종교적 교리에서 중심적인 역할을 하게 되면서 철학과 윤리의 발전은 종교적 믿음의 진화로 이어졌습니다.

그리고 성직자들과 개혁가들도 종교적 믿음을 형성하고 발전시키는 데 중요한 역할을 했습니다. 이들은 확립된 관행에 도전하는 도덕적, 윤리적 개혁을 옹호하며 동정심, 정의, 인간 존엄성의 중요성을 강조했습니다. 이들의 가르침과 행동은 도덕적이고 윤리적인 원칙을 핵심으로 하는 현대종교의 발전에 영향을 미쳤습니다.

또한 무역, 이주를 통해 종교적 믿음이 공유되었습니다. 이러한 교류는 종교적 교리에 새로운 도덕적, 윤리적 관점을 통합하면서 종교적 믿음의 확장과 변화에 이바지했습니다. 따라서 사회와 문명 사이의 문화적 교류도 종교적 믿음의 진화에 역할을 했습니다.

이처럼 종교의 진화는 문화적, 사회적 맥락과 문화적 교류에 따라 달라지는 복잡하고 다면적인 과정이라는 점에 주목하는 것이 중요합니다. 위에 언급된 요소들은 일반적인 영향이지만, 특정 종교가 어떻게 그리고 왜 도덕적이고 윤리적인 원칙을 발전시켰는지에 대한 구체적인 세부 사항은 종교적 전통마다 다를 수 있습니다.

현재 교회에 존재하는 계층적 조직이나 종교의식이 변화될 가능성이 있나요?

미래 종교의 모습은 예측하기 어렵습니다. 종교는 사회, 문화, 인간의 신념과 가치 체계 등에 깊이 기인하고 있는 복잡한 현상이기 때문에 그 발전 방향과 모습은 다양한 요인에 의해 영향을 받습니다. 그러나 미래 종교의 모습은 특히 다음과 같은 요소들에 따라 형성될 수 있습니다.

사회와 문화는 지속적인 변화를 겪습니다. 이러한 변화는 종교에도 영향을 줄 수 있습니다. 예를 들어 사회적 다양성이나 인터넷 및 소셜 미디어 등은 종교적 믿음에 영향을 미칠 수 있습니다. 그리고 과학과 기술의 발전은 종교적 믿음과 인간의 세계관에 영향을 줄 수 있습니다. 즉, 생명과학 및 인공지능이나 가상현실 등의 발전은 종교적 관점에서 인간의 정체성, 영혼, 윤리적 문제 등을 다시 생각하게 할 수 있습니다.

세계화는 종교 간의 상호 작용과 영향을 증가시킵니다. 다양한 종교와 문화가 국경을 넘어 상호 작용하는 과정에서 종교적 다양성과 혼합형 종교적 믿음의 형성을 끌어낼 수 있습니다. 이 과정에서 개인들은 종교적 믿음에 대해 다양한 선택을 할 수 있습니다. 따라서 미래에는 이러한 다양성이 더욱 두드러질 수 있으며, 이에 맞추어 종교적 믿음과 관행은 개인의 필요와 가치 체계에 더욱 적합하도록 변화할 수 있습니다.

위의 요소들을 고려하면, 미래의 종교는 더욱 다양하고 개인화된 형태를 가지게 될 수 있습니다. 따라서 종교적 다양성과 융합, 개인의 신념과 경험에 대한 존중과 수용이 더욱 중요해질 것으로 예상됩니다. 또한 종교와 과학, 기술 간의 상호 작용과 조화도 미래의 종교에 영향을 줄 것으로 예측됩니다. 정확한 미래의 종교 모습은 예측할 수 없으나, 미래의 변화에 따라 종교도 변화할 것입니다.

일부 교회에서는 계층적 조직이 아닌 수평적 조직으로 예배를 드리기도 합니다. 이것에 대해 어떻게 생각하나요?

형식적인 성직자나 계층 구조가 없는 수평적인 조직의 개념은 종교적 실천에 대한 보다 평등한 접근을 반영한다고 볼 수 있습니다. 이 모델은 예배와 공동체적 측면에서 모든 신자의 동등한 참여와 공동의 책임을 강조합니다. 이 접근 방식에는 다음과 같은 몇 가지 잠재적 이점과 고려 사항이 있습니다.

수평적 조직은 신자들에 대한 권한 부여와 신자들의 참여를 촉진할 수 있습니다. 모든 신자가 기여하고 그들의 목소리를 들을 기회가 많을 때 종교에 대한 주인의식을 촉진할 수 있습니다. 이것은 개인의 영적 성장을 향상시키고, 더 포괄적이고 참여적인 분위기를 만들 수 있습니다. 그리고 공식적인 계층 구조가 없는 수평적 조직은 변화하는 환경과 진화하는 정신적 요구에도 쉽게 적응할 수 있습니다.

즉, 구성원들의 다양한 배경 및 관심사나 관점에 대해 더 쉽게 반응할 수 있어 예배 스타일이나 공동체의 관행 면에서 더 큰 유연성을 허용할 수 있습니다. 또한 수평적 조직은 집단적 의사결정을 통해서 우선순위를 결정합니다. 이는 예배 관행, 공동체 사업 또는 사회 정의처럼 공동체와 관련된 중요한 결정이 합의를 통해 이루어진다는 것을 의미합니다. 이러한 협력적 접근 방식은 대화, 협력 및 다양한 관점을 의사결정에 통합하도록 장려합니다.

수평적 조직은 통솔력과 조직적인 측면에서 유의해야 할 점도 있습니다. 공식적인 통솔력의 부재는 영적인 지도자들이 제공하는 전문 지식과, 지도를 중요하게 여기는 사람들의 요구를 충족시키지 못할 수도 있습니다. 예를 들어 어떤 사람들에게는 수평적인 조직이 잘 작용할 수 있지만, 다른 사람들은 계층 구조에서 더 경험이 많은 사람들로부터의 지도나 조언을 원할 수 있습니다. 그리고 예배를 원활하게 하려면 영적인 지도에 대한 책임을 참가자들이 분담해야 합니다. 이를 위해서는 높은 수준의 헌신, 자치나 구성원 간의 효과적인 의사소통이 필요합니다.

궁극적으로 종교 조직과 예배에 대한 일률적인 접근법은 없다는 점에 주목할 필요가 있습니다. 즉, 다양한 종교 공동체와 개인이 계층적 구조나 수평적 모델을 비롯하여 다양한 조직 구조에서 가치를 찾을 수 있습니다. 그리고 수평적 조직의 효과와 성공은 참가자들의 공유된 가치, 헌신, 그리고 집단적 노력에 달려 있습니다.

미래의 종교에는 계층적 종교보다 수평적 종교가 더 보편화하지 않을까요?

미래의 종교 구조가 계층적 모습일지, 수평적 모습일지에 대해 결정적인 예측을 하기는 어렵습니다. 종교는 문화적, 사회적, 개별적 요인 등 복잡한 상호 작용의 영향을 받기 때문에 지역과 공동체에 따라 크게 달라질 수 있습니다. 따라서 미래의 종교 구조는 다양하고 다면적일 가능성이 크다는 인식을 하고 이 주제에 접근하는 것이 중요합니다.

예를 들어 종교적 권위, 권력 구조나 공동체 참여에 대한 사회적 변화는 미래의 종교적 접근에 대한 선호에도 영향을 미칠 수 있습니다. 그리고 세계화, 기술 발전이나 종교 간 대화 증가와 같은 요인도 종교 공동체를 조직하고 상호 작용하는 방식에 영향을 미칠 수 있습니다.

이 과정에서 개인의 자율성과 영적 실천의 다양성과 같이 포괄적이고 참여적인 종교적 경험에 대한 욕구의 증가는 잠재적으로 수평적 종교의 성장에 이바지할 수 있습니다. 이처럼 일부 종교 공동체는 수평적 종교를 채택하거나 강조할 수 있지만 다른 종교 공동체들은 그들의 전통, 신학적 신념 또는 문화적 규범 때문에 계층적 종교를 계속 고수할 수도 있습니다.

궁극적으로 종교 구조는 정적이지 않으며, 진화와 적응의 모습을 보여주고 있다는 점에 주목하는 것이 중요합니다. 예를 들어 미래에는 참여적이고 평등한 접근을 요구하는 변화하는 사회적 요구와 가치를 반영하는 새로운 종교 운동과 대체적인 형태의 영성이 계속해서 등장할 것입니다. 그리고 다양한 공동체와 개인은 자신의 신념, 가치나 열망에 공감하는 종교 구조를 추구할 것입니다. 이에 따라 미래 종교는 더 참여적이고 평등한 접근이 전통적인 구조에 혼합된 모습으로 진화할 것입니다. 따라서 미래의 종교 구조는 계층적, 수평적 종교 구조를 모두 포함할 수 있습니다.

그림 참고

- http://www.roystoncartoons.com/2014/11/magazine-cartoons-stone-age-to-digital.html
- https://www.istockphoto.com/kr/%EC%9D%B4%EB%AF%B8%EC%A7%80/a
- https://www.earlham.ac.uk/articles/10-surprising-things-you-might-not-know-about-evolution
- https://www.anatoliareport.com/mystery-of-the-human-history-gobekli-tepe.htm
- https://www.frontlinemissionsa.org/articles/animism-ancestors-and-anc
- https://countercurrents.org/2023/06/do-we-all-need-religion-an-introspection/
- https://wol.jw.org/en/wol/d/r1/lp-e/1200002907
- https://www.hf.uio.no/iakh/english/research/news-and-events/news/2021/adam-blaming-eve-in-the-garden-of-eden
- https://ssnet.org/blog/tuesday-apocalyptic-prophecies-in-daniel/
- https://www.newgrounds.com/art/view/htetgrounds/day-1-dream-illusion-of-reality
- https://northernway.org/presentations/godwife/77.html
- https://theprofessionalcentre.com/blog/coworking-trading-myths-for-facts/

- https://art-of-narnia.tumblr.com/post/612128781115834368/lucy-susan-aslan-by-llorepemberton-artwork-found
- https://www.worldhistory.org/article/658/the-queen-of-the-night/
- https://www.standard.co.uk/comment/comment/can-science-explain-the-mystery-of-the-star-of-bethlehem-a3422166.html
- https://wordlesstech.com/real-size-replica-noahs-ark-opens/
- https://allthatsinteresting.com/what-did-jesus-look-like
- https://www.whyislam.org/does-islam-have-a-pope-or-an-institutional-hierarchy/
- https://www.quantamzine.org/game-theory-makes-new-predictions-for-evolution-20140618/aga
- https://www.franksonnenbergonline.com/blog/10-critical-rules-for-living-a-happy-life/
- https://www.discoverhongkong.com/hk-eng/explore/culture/celebrate-halloween-in-hong-kong.html
- https://www.genomicseducation.hee.nhs.uk/blog/probability-chance-and-genetic-inheritance/
- https://www.wijngaardsinstitute.com/wiki/origins-religious-prejudices-against-women/https://medium.com/paperkin/education-vs-religion-f9b7715ab987
- https://courses.lumenlearning.com/atd-mvcc-intro-to-sociology/chapter/reading-conflict-theory/
- https://quizlet.com/226740568/mesopotamia-quiz-1-ancient-mesopotamia-map-set-1-diagram/
- https://www.wired.com/images_blogs/photos/uncategorized/2008/10/27/trolleydilemma.jpg
- https://curio-jpn.com/kr/?p=591
- https://commoncore.hku.hk/ccst9073/
- https://medium.com/@tycascade/cargo-cult-pricing-4a5f41667800
- https://fractalenlightenment.com/33427/life/changing-perspectives-choose-to-

view-life-through-a-different-lens
- https://regenerationayk.wordpress.com/2010/10/03/science-vs-religion-no-hitting-below-the-belt-cartoon/
- https://www.churchtimes.co.uk/articles/2018/26-october/comment/opinion/there-is-one-thing-that-unites-science-and-faith
- https://twitter.com/theNeuronFamily/status/1051252352076972033https://twitter.com/theNeuronFamily/status/1051252352076972033
- https://buddhirajsahu.medium.com/ai-what-is-since-when-79a25bb7b6f4
- https://www.verdict.co.uk/top-ranked-semiconductor-companies-in-ai-chips/
- https://www.dreamstime.com/illustration/quantum-entanglement.html
- https://thanksforalmightygodssalvation.wordpress.com/2019/03/15/knowming-jesus-christ/
- https://blog.som.cranfield.ac.uk/execdev/elephants-performance-measurement-and-management
- http://augustuscoins.com/ed/Christian/ChristianSymbols.html
- https://thedailyguardian.com/politics-and-religion-should-not-go-hand-in-hand/
- https://www.tapmagonline.com/tap/politics-and-religion
- https://quizizz.com/admin/quiz/5cd0dde34ccd16001ad365b1/exaggeration
- https://i95business.com/articles/content/the-echo-chamber-media-bias-2009